Web前端开发精品课

HTML与CSS基础教程

莫振杰 编著

人民邮电出版社
北京

图书在版编目（CIP）数据

Web前端开发精品课 : HTML与CSS基础教程 / 莫振杰编著. -- 北京 : 人民邮电出版社, 2016.3（2022.6重印）
ISBN 978-7-115-41609-4

Ⅰ. ①W… Ⅱ. ①莫… Ⅲ. ①超文本标记语言－程序设计－教材②网页制作工具－教材 Ⅳ. ①TP312 ②TP393.092

中国版本图书馆CIP数据核字(2016)第034083号

内容提要

本书分为两大部分：第一部分是HTML入门，主要介绍网页结构基础知识；第二部分是CSS入门，主要介绍网页样式方面的基础知识。此外，本书还融入了大量的开发技巧，更加注重编程思维的培养，使得学习者能有顺畅的学习思路。

作者结合自己的网站前后端开发中的大量实践经验，将知识系统化，浓缩为精华，用通俗易懂的语言直指网页设计初学者的痛点。本书适合Web前端开发初学者、大中专院校相关专业学生，以及想要系统掌握Web开发基础知识的读者学习参考。

◆ 编　著　莫振杰
责任编辑　赵　轩
责任印制　张佳莹　焦志炜
◆ 人民邮电出版社出版发行　北京市丰台区成寿寺路11号
邮编　100164　电子邮件　315@ptpress.com.cn
网址　https://www.ptpress.com.cn
涿州市京南印刷厂印刷
◆ 开本：720×960　1/16
印张：22.75　2016年3月第1版
字数：329千字　2022年6月河北第25次印刷

定价：49.00元

读者服务热线：(010)81055410　印装质量热线：(010)81055316
反盗版热线：(010)81055315

前言

近年来，Web 前端技术飞速发展，日趋重要。在 Web 前端技术中，HTML 和 CSS 是最基础的知识。

本书内容源于笔者在绿叶学习网分享的两个超人气在线教程。这两个教程被公认为是互联网最好的入门教程，广受学友称赞。本书对这些内容进行深加工，使其更加完善。为了避免前端新人走太多的弯路，笔者把前端碎片化的知识系统化，指出许多书籍中所没有提到的学习误区，并且提供给前端初学者一个学习思路的流程。除了注重知识的讲解，更加注重开发技巧和思维。

本书特色

① 高度浓缩，对于过时的知识和思维不会过多涉及，减轻学习者负担。

② 通俗易懂，用最贴心形象的语言直指技术本质。

③ 同步学习，将本书内容结合在线教程同步学习，提高效率。

④ 贴近读者，结合自己学习经历，文字有温度。

⑤ 直击痛点，规避很多学习中的思维误区，如使用 HTML 属性定义样式、Dreamweaver 界面操作开发。

读者对象

① Web 前端开发初学者。

② 大中专院校相关专业学生。

③ 想要系统学习、有一定基础的 Web 爱好者。

代码下载

本书中的代码请从 www.epubit.com.cn 本书页面下载。

特别致谢

本书在编写的过程中得到了很多人的帮助。特别感谢杨炳晔女士的不断鼓励与支持，非常感谢陈志东先生给笔者诸多有用的建议以及对稿件细致的审阅。此外感谢邵婵、程紫梦、孙鸿焱、方明晨等人给予的莫大帮助与支持。

由于作者水平有限，书中难免有错漏之处，读者如果遇到问题或有任何意见和建议，都可以到绿叶学习网（http://www.lvyestudy.com）或者以邮件（lvyestudy@foxmail.com）与编者联系。

编者

目录

第一部分　HTML 入门

第二部分 CSS 入门

第一部分

HTML 入门

第 1 章

HTML 基础

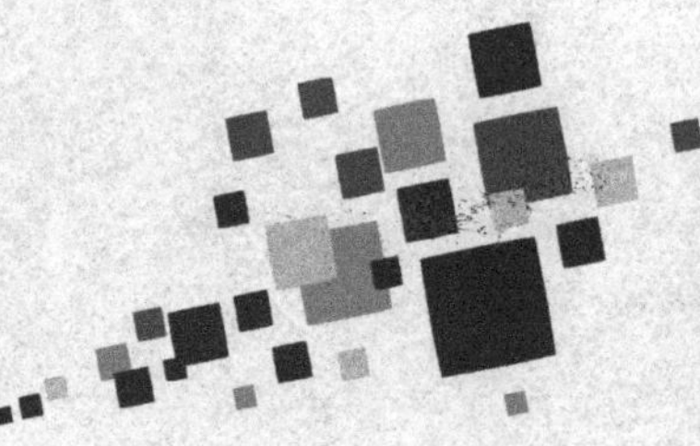

1.1 Web 技术简介

在 HTML 入门教程学习之前，有必要跟大家讲一些网站开发的相关知识。了解这些知识，对你以后网站开发之路如何走、该学习些什么，是非常有用的。同时也避免你走太多的弯路。

1.1.1 从网页制作到前端开发

1. Web 1.0 时代的网页制作

网页制作是 Web 1.0 时代的产物，那个时候的网页主要是静态网页，所谓的静态网页就是没有与用户进行交互，且仅仅供读者浏览的网页，例如一篇 QQ 日志、一篇博文等展示性网页。在 Web 1.0 时代，用户能做的唯一一件事就是浏览这个网站的文字图片内容，不能像现在一样评论交流（缺乏交互性）。现在大多数人都听过“网页三剑客 Dreamweaver+Fireworks+Flash”吧，这个组合就是 Web 1.0 时代的产物。

注：网页三剑客指的是“Dreamweaver、Fireworks 和 Flash”。

2. Web 2.0 时代的前端开发

“前端开发”是从“网页制作”演变而来的。

从 2005 年开始，互联网进入 Web 2.0 时代，由单一的文字和图片组成的静态网页已经不能满足用户的需求，用户需要更好的体验。在 Web 2.0 时代，网页有静态网页和动态网页。所谓动态网页，就是用户不仅仅可以浏览网页，还可以与服务器进行交互。举个例子，你登录新浪微博，要输入账号密码，这个时候就需要服务器对你的账号和密码进行验证通过才行。Web2.0 时代的网页不仅包含炫丽的动画、音频和视频，还可以让用户在网页中评论交流、上传和下载文件等（交互性）。这个时代的网页，如果是用“网页三剑客 Dreamweaver+Fireworks+Flash”制作的，那远远不能满足需求。现在网站开发无论是开发难度，还是开发方式，都更接近传统的网站后台开发，所以现在不再叫“网页制作”，而是叫“Web 前端开发”。

所以，处于 Web 2.0 时代的你，如果要学习网站开发技术，就不要再相信所谓的“网页三剑客 Dreamweaver+Fireworks+Flash”，因为这个组合已经是上个互联网时代的产物。而且这个组合开发出来的网站的问题也非常多，例如代码冗余、维护困难（学习到后期，你会知道为什么不用这个组合了）。

1.1.2 前端技术

1. 前端开发最核心技术

我们知道，用所谓的网页三剑客已经不能满足需求了，那前端开发究竟要学习什么技术呢？网页最主要由三部分组成：结构、表现和行为。现在网页的新标准是 W3C，目前的模式是 HTML、CSS 和 JavaScript。

图 1-1 前端最核心三种技术

（1）HTML 是什么？

HTML，全称“Hyper Text Markup Language”（超文本标记语言），简单来说，网页就是用 HTML 语言制作的。HTML 是一门描述性语言，是一门非常容易入门的语言。

（2）CSS

CSS，全称“层叠样式表”。以后我们在别的地方看到“层叠样式表”或

“CSS 样式”，指的就是 CSS。

（3）JavaScript

JavaScript 是一门脚本语言。

（4）HTML、CSS 和 JavaScript 的区别

我们都知道前端技术最核心的是 HTML、CSS 和 JavaScript 这三种。但是这三者究竟是干嘛的呢?

“HTML 是网页的结构，CSS 是网页的外观，而 JavaScript 是页面的行为。”

这不是等于没说吗? 好吧，我给大家打个比喻。我们把前端开发的过程比喻成“建房子”，做一个网页就像盖一栋房子，先把房子结构建好（HTML）。建好房子之后给房子装修（CSS），例如往窗户安上窗帘、给地板铺上漂亮的瓷砖。最后呢，装修完了之后，当夜幕降临的时候，我们要开灯（JavaScript），这样才能看得见里面。现在大概懂了吧。

回到实际例子中去，看一下绿叶学习网的导航条。我们先分析一下“前端技术”这一栏目具有的基本特点，见图 1-2。

① 导航条文字颜色是白色。

② 大小是 14px。

③ 背景颜色是绿色。

④ 鼠标指针移动到上面颜色会变成深绿色。

这些效果是怎么做出来的呢? 其实思路就跟上面介绍的“建房子”一样。我们先用 HTML 搭建网页结构，默认情况下，字体、字体颜色、字体大小和背景颜色如图 1-2：

然后我们通过 CSS 修饰一下，改变其字体、字体大小、字体颜色和背景颜色，得到如下的效果图（图 1-3）。

前端技术

图 1-2 仅仅使用 HTML 的文字

前端技术

图 1-3 在 HTML 基础上加入 CSS 的文字

最后，我们通过 JavaScript 定义一个鼠标行为，就是鼠标移动到上面的时候，背景颜色会变为深绿色，效果如图 1-4。

现在大家就知道一个缤纷多彩的网页究竟是怎样做出来的，也知道为什么前端技术最核心的是 HTML、CSS 和 JavaScript”了吧？

图 1-4 加入 JavaScript 特效的文字

2. 前端开发其他技术

前端技术最核心的是 HTML、CSS 和 JavaScript，但是对于一个真正的前端工程师来说，哪怕你精通这三种，也不能称为一个真正的“前端工程师”。因为前端技术除了 HTML、CSS 和 JavaScript 这三种，还需要学习 HTML5、CSS3、Ajax、SEO 等。

（1）AJAX

AJAX，即“Asynchronous Javascript And XML”（异步 JavaScript 和 XML），是指一种创建交互式网页应用的网页开发技术。

通过在后台与服务器进行少量数据交换，AJAX 可以使网页实现异步更新。这意味着可以在不重新加载整个网页的情况下，对网页的某部分进行更新。传统的网页（不使用 AJAX）如果需要更新内容，必须重载整个页面。

AJAX 是前后端交互的技术，主要是在前端实现（不懂？！没关系，我们在 AJAX 章节中会讲解到）。

（2）SEO

SEO，即“Search Engine Optimization”（搜索引擎优化）。SEO 优化是专门利用搜索引擎的搜索规则来提高目前网站在有关搜索引擎内的自然排名的方式（国内常见的搜索引擎有百度、360、搜狗等）。

简单来说，你建好了网站并不代表你网站就能被搜索引擎搜索到。我们一般使用百度搜索资料时，搜索出来的网页有很多，但是我们一般看了搜索结果的第一、二页就不再往下看了。SEO，就是为了我们的网站能排在搜索结果的前面，这样你的网站才会有流量。你做网站，相信你也是想让你的网站有更多人浏览吧。

1.1.3 后端技术

如果我们学习完前端技术，其实也差不多可以开发属于自己的网站了。不过这个时候开发出来的网站是一个静态的网站，唯一的功能是供用户浏览，缺乏与用户的交互性，用户能操作的东西不多。因此，如果我们要开发一个用户体验更好、功能更加强大的网站，就要学习一下后端技术。

那后端技术究竟是怎样的一门技术呢？举个简单的例子，很多大型网站都有注册功能，只有用户注册了之后才具有某种权限。例如你要使用 QQ 空间，你就要注册一个 QQ 才能使用。这样的功能就是用后端技术实现的。再有，淘宝网不是有很多商家吗？这些商家有各种各样的商品，这些庞大的数据只能使用后端技术中的数据库技术才能实现。

1. PHP

PHP 是一种通用开源脚本语言。语法吸收了 C 语言、Java 和 Perl 的特点，易于学习，使用广泛，主要适用于 Web 开发领域。

2. JSP

JSP 技术有点类似 ASP 技术，它是在传统的网页 HTML 文件中插入 Java 程序段（Scriptlet）和 JSP 标记（tag），从而形成 JSP 文件。用 JSP 开发的 Web 应用是跨平台的，既可以在 Windows 系统下运行，也能在其他操作系统（如 Linux）上运行。

3. ASP.NET

ASP.NET 的前身就是我们常说的 ASP 技术。我们的官网绿叶学习网就是使用 ASP.NET 开发的。对于新手要注意一点，ASP 是落后 20 年的技术了，我们应该学习的是 ASP.NET 而不是 ASP。

以上三种都是动态网页技术，大家可以到这里详细了解一下：百度百科动态网页技术。

很多人都以为“网站就是很多网页的集合”，这个理解是不太恰当的。准确来说，应该是“网站是前端与后端的结合”。

1.1.4 从前端开发到后端开发的学习路线

1. 常见的 Web 技术

	WEB技术
HTML	XHTML、HTML5、CSS、TCP/IP
XML	XML、XSL、XSLT、XSL-FO、XPath、XPointer、XLink、DTD、XML Schema、DOM、XForms、SOAP、WSDL、RDF、RSS、WAP、Web Services
Web脚本	JavaScript、HTML DOM、DHTML、VBScript、AJAX、JQuery、JSON、E4X、WMLScript
Server脚本	SQL、ASP、ADO、PHP
.NET	Microsoft.NET、NET Mobile
多媒体	SML、SVG

图 1-5 常见的 Web 技术

2. 学习路线

从上面我们可以看出，Web 技术实在是太多了，很多同学都不知道怎么入手，上网问别人，回答又五花八门。以下是本书的推荐路线。

HTML→CSS→JavaScript→jQuery→CSS3→HTML5→ASP.NET（或 PHP）→Ajax

这条路线是一条比较理想的、从前端开发到后端开发的学习路线，你别看这条路线那么长，其实我是截断了来定制的，要掌握的也就几门技术：HTML、CSS、JavaScript、ASP.NET（PHP）、Ajax 等。

在 HTML 刚刚入门的时候，你不需要一定要把 HTML 学到精通才去学 CSS 入门教程（这也不可能），这是一种最笨又最浪费时间的学习模式。所以对于初学者，千万别想着精通了一门技术，再去精通另外一门技术。你要是能做到了，我相信很多人都拜你为师了。因为技术这种东西是要“通十行”才会把一行给通了。

如果走别的路线，你可能将会走很多很多的弯路。这条路线是本人从前端技术初学者开始，到开发了绿叶学习网、广州智能工程研究会网站、毕业选题系统、大量在线工具等项目以及阅读大量技术书籍之后的心血总结。当然，这条路线也只是一个建议，并非硬性的。

接下来，让我们踏入前端开发的第一步——HTML 入门教程。

【疑问】

1. 什么叫 XHTML+CSS+JavaScript？

市面上很多书名都叫“DIV+CSS”或“HTML+CSS”，其实这两个叫法都是不严谨的，准确来说是“XHTML+CSS”。但是叫的人多了，大家也知道是那个意思，所以就约定俗成干脆称为“DIV+CSS”或“HTML+CSS”。所以以后，我们看到“DIV+CSS”或“HTML+CSS”，心里也应该知道指的是“XHTML+CSS”。然而什么叫 XHTML，我们在后面的章节会介绍，读者现在不必惊慌。

2. 常见的 JavaScript 框架应该学习哪个？

我们知道，HTML、CSS 和 JavaScript 是前端技术中最基本的三个元素。HTML 和 CSS，它们没有别的框架，但是对于 JavaScript 来说，它却有很多框架，例如：

“jQuery、ExtJS、Dojo、YUI……”

那对于初学者来说，应该选择哪个 JavaScript 框架比较好呢。当然非 jQuery 莫属了。jQuery 是全球最流行的 JavaScript 框架，是最简单易懂、最适合初学者入门的 JavaScript 框架，没有之一。

1.2 HTML 是什么？

HTML，全称“Hyper Text Markup Language”（超文本标记语言），它是制作万维网页面的标准语言。

HTML 不是一门编程语言，而是一门描述性的“标记语言”。HTML 最基本的语法如下：

<标签符>内容</标签符>

标签符一般都是成对出现，有一个开始符号和一个结束符号，结束符号只是在开始符号的前面加一个斜杠“/”。当浏览器收到 HTML 文本后，就会解释里面的标签符，然后把标签符相对应的功能表达出来。

例如，用 <em></em> 标签用来定义文字为斜体字；用 <strong></strong>

来定义文字为粗体。当浏览器遇到标签对时，就会把标签中所有文字用斜体显示出来。

```
<em> 绿叶学习网 </em>
```

当浏览器遇到上面这行代码时，会得到如下斜体文字效果，见图 1-6。

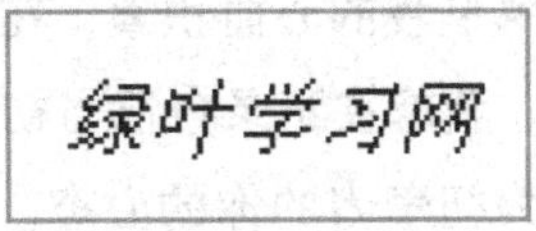

绿叶学习网

图 1-6　浏览器解析代码效果

HTML 要学习什么呢？用一句很简单易懂的话来说就是：学习 HTML 就是学习各种标签，就是学习网页的“骨架”。

标签有文字标签、图像标签、音频标签、表单标签等等。HTML 这门语言就是一门描述性的语言，就是用标签来说话的。举个例子：如果你要在浏览器显示一段文字，你就用到段落标签 p；如果你要在浏览器显示一张图像，就要用到图像标签 img……针对对象不同，使用的标签不同。假如你想要在浏览器显示一张图片，你用段落标签 p 就不可能将图片显示出来。所以，学习 HTML 说白了就是学习各种各样的标签，然后针对你想要显示的内容来使用相应的标签，并且在相应的地方用对标签。

此外，很多时候我们也把“标签”说成“元素”，例如“p 标签”说成“p 元素”，这说的是一个意思，只是叫法不同而已。而“标签”的叫法更形象地说明了 HTML 元素是用来“标记”的，来标记这是一段文字还是一张图片，从而让浏览器将你的代码解析出来而展示给用户看。

1.3　HTML 入门简介

1.3.1　教程说明

在 1.1 节“前端技术简介”中，我们讲到从前端技术到后端技术的学习流程：

HTML → CSS → JavaScript → jQuery → CSS3 → HTML5 → ASP.NET（或 PHP）→ Ajax

在 HTML 入门学习之前，我们有必要给初学者说明一下：在接下来的 HTML 入门教程学习中，我们仅仅是学习标签，不会像别的书籍那样将 HTML 和 CSS 进行混合讲解。

本书是我的心血积累，在编写的时候字斟句酌。从一开始学习 HTML 的时候，我就在记录自己当初作为初学者时所遇到的一些问题，所以我很了解作为初学者的你的心态，也很清楚你应该怎么才能快速而无阻碍地学习。我是站在初学者的角度，而不是站在已经学会的角度来编写本书的。有一句话说得好，如果你已经站在山顶上了，当初在爬山的时候你若缺少细心体会，这时你早就忘记作为攀岩者艰苦攀登时的心情了。

对于本书中的每一句话，我都精心编写，审阅了无数遍，尽量把精华呈现给大家。所以大家在阅读的时候，不要图快，尽量把速度放慢，把每一个概念都理解，千万别指望什么“48 小时精通 HTML+CSS”。别信这种鬼话。

当然，个人能力有限，书中疏漏和错误在所难免，也欢迎大家指正。

有一种学习模式是值得推荐的：学技术，泛读十本书不如精读一本书十遍。这句话适用于学习任何课程。挑一本最精华的书，把这本书当做主体，然后辅以其他的书籍来弥补这本书的缺陷。

大家在学习过程中遇到任何困难，都可以到绿叶学习网的论坛上面提问，届时会有很多热心的网友帮忙喔。如果大家发现教程中有任何错误，也希望大家发邮件给本人（lvyestudy@foxmail.com），以便我把教程做得更加完善。

在 HTML 入门教程中，我把一些 HTML 学习的思想和技巧，如“HTML 语义化”等穿插在各个章节，以便大家更好地提高技能。

1.3.2 初学者比较关心的问题

1. HTML 入门需要什么基础?

学习 HTML 不需要任何编程基础，哪怕你是一个小学生都可以学习。当年我的计算机网络课的教授说，他见过有些小学生都会做网页了！当时我立刻晕了过去，因为当时我还不懂什么 HTML 标签。后来自己学到一定程度才知道为什么大学课程没有涉及 HTML 这些东西，因为这些是完全可以自学的，跟离散数学、算法分析、数据结构那些知识完全没办法比。也就是说，网站开发的基本技术（如 HTML 和 CSS）是非常容易学的，不要抱怨自己不会，那是你不够努力。如果你是大学生，你还不赶紧努力?！ 在接下来的学习，你没有理由再抱怨难学了。

2. 学习完 HTML 入门后，能达到什么程度?

可以把基本的网页都做出来了，例如一篇博客。

3. 学习 HTML 入门，要花多少时间?

不多，努力学的话，3 到 5 天就学得很好了。当然仅仅学完这门教程，也只是入门程度。

1.4 本章总结

1. 前端技术简介

（1）从 Web 1.0 到 Web 2.0，网页制作已经变为前端开发了。现在对于前端开发，你要学的不是什么“网页三剑客”，而是 HTML+CSS+JavaScript。

（2）前端技术核心元素的是 HTML、CSS 和 JavaScript，但是我们还要学习一些 AJAX、SEO 知识。

（3）前端技术只能开发静态网页，而进一步学习后端技术后，你能开发一个用户交互性更好、功能更加强大的网站。

（4）后端技术有 PHP、JSP、ASP.NET。

（5）学习路线：HTML → CSS → JavaScript → jQuery → CSS3 → HTML5 → ASP.NET（或 PHP）→ AJAX

2. 什么是 HTML？

（1）学习 HTML 就是学习各种标签，然后针对你想要的内容来使用相应的标签；

（2）HTML 标签即“HTML 元素”。

第 2 章

前端开发工具

2.1 前端开发工具

根据个人经验，目前比较好的前端开发工具有 Dreamweaver、Sublime Text 和 Visual Studio 等。

2.1.1 Dreamweaver

Dreamweaver，简称 DW，是 Adobe 公司的一款非常优秀的网页开发工具，并且深受广大用户（特别是初学者）的喜爱。现在最新的版本是 Dreamweaver CC。

对于初学者来说，Dreamweaver 是最理想的开发工具，是广大前端入门者的首选。但是要强调一下，如果选择了 Dreamweaver 作为开发工具，我们一定不要使用 Dreamweaver 那种传统的、使用操作界面的方式来开发网页。这种开发方式已经被摒弃很久了。笔者当初刚刚接触前端开发的时候，也是深受其害。当时跟着一个视频学，第一步点击哪里，第二步点击哪里……点点点，全部是用鼠标来点，点到我头都晕了。

大家不要觉得 Dreamweaver 用鼠标操作的方式来制作网页既简单又方便。学了一段时间你会发现，你学到的根本不是知识，而只是开发网页时你应该点哪里！还有，当你用 Dreamweaver 鼠标操作的方式来制作网页时，你会发现弊端何其多！特别是冗余的代码，一堆一堆的，让开发出来的网站难以在后期进行维护。

当然，Dreamweaver 还是挺不错的一个开发工具，我并非反对大家使用 Dreamweaver，而是反对大家使用 Dreamweaver 界面操作的方式来制作网页。对于刚刚接触前端开发的新手来说，可以使用 Dreamweaver 作为开发工具，不过本人强烈建议你一定要用代码去写网页，别用鼠标点击的方式进行。还有，我可以很清楚地告诉你，现在大部分网站都不用鼠标操作实现的，而是靠编写代码。哪怕人家用 Dreamweaver 开发，都不会单纯采用鼠标点击的方式。

不过话说回来，Dreamweaver 依然是初学者的首选开发工具，简单方便。但是我们一定不要使用“点点点”方式来开发网页，切记。

2.1.2 Sublime Text

Sublime Text 凭借其漂亮的用户界面和极其强大的功能，被誉为“神级”代码开发工具。

Sublime Text 支持多种编程语言的语法高亮，拥有优秀的代码自动完成功能。此处，它还拥有代码片段（Snippet）的功能，可以将常用的代码片段保存起来，在需要时随时调用。Sublime Text 支持 VIM 模式，可以使用 VIM 模式下的多数命令。

Sublime Text 还具有良好的扩展能力和完全开放的用户自定义配置与神奇实用的编辑状态恢复功能，支持强大的多行选择和多行编辑。

该编辑器在界面上比较有特色的是支持多种布局和代码缩略图。利用右侧的文件缩略图滑动条，可以方便地观察当前窗口在文件的哪个位置。

如果你已经有一定的前端基础，我相信 Sublime Text 更加适合你。Sublime Text 可以让你快速地进行开发，强力推荐！

2.1.3 Visual Studio

Microsoft Visual Studio，简称 VS，是微软公司的开发工具包系列产品，是目前最流行的 Windows 平台应用程序的集成开发环境（IDE）。所谓的集成开发环境，就是指用于提供程序开发环境的应用程序，一般包括代码编辑器、编译器、调试器和图形用户界面工具。这么复杂，谁看得懂呀？哎，简单来说，Visual Studio 是一个具有很多用途的开发工具，它可以用来开发功能很强大的网站。这下懂了吗？

Visual Studio 是笔者推荐的三款开发工具中功能最强大的，但是使用起来也相对复杂。不过用习惯了之后，开发效率还是非常高的。Visual Studio 不仅可以开发静态网页，还非常有利于开发动态网页。在开发动态网页方面，可以说 Visual Studio 比 Dreamweaver 更胜一筹。前面我们说过，静态网页一般是没有交互性的，用户能做的也仅仅是浏览网页。而在动态网页中，作为用户，我们可以参与评论交流、上传文件，以及使用与服务器交互。

这三款开发工具，大家可以根据自己的实际情况选择一下。

2.2 新建 HTML 页面

不管你使用何种前端开发工具，Dreamweaver、Sublime Text，还是 Visual Studio，在进行页面开发的时候，我们都需要新建一个页面，然后再在这个页面中进行代码开发。

对于新手来说，我们首选 Dreamweaver 作为开发工具。在 Dreamweaver 中新建一个 HTML 页面，只需要两小步就行。

【第 1 步】：打开 Dreamweaver，界面如图 2-1。

【第 2 步】：在界面中部的“新建”中找到“HTML”，点击后界面如图 2-2。

之后，我们就可以在代码处编写网页代码了。这里只是对 Dreamweaver 进行一个简单的介绍。关于 Dreamweaver 的更多操作，如新建站点、新建 CSS 文件等，在互联网上有大量的资源。大家在接下来的学习中，要一边学习代码，一边摸索开发工具的使用。

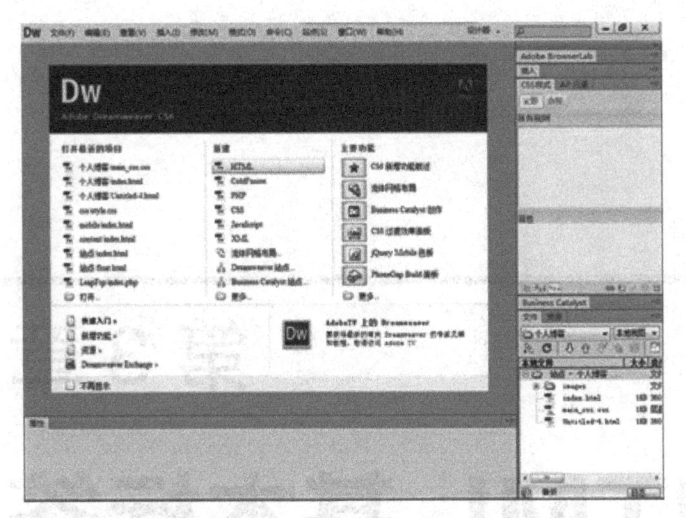

图 2-1 Dreamweaver 打开界面

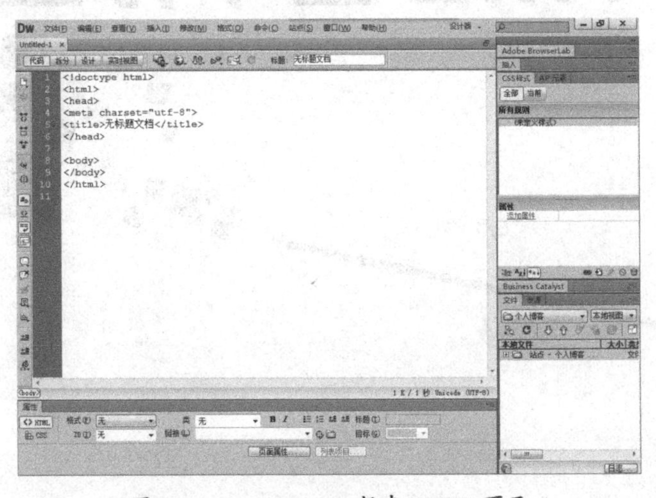

图 2-2 Dreamweaver 新建 HTML 页面

关于 Dreamweaver，我们只需要掌握几个基本操作就行了，但是大家一定要注意，不要用鼠标“点点点”的方式去生成代码。对于网页代码，我们都尽量手写。

对于 Sublime Text 和 Visual Studio 这些编辑器的用法，各种快捷键等，我们同样能够在互联网上找到大量的资源，这里不再赘述。

第 3 章

HTML 基本标签

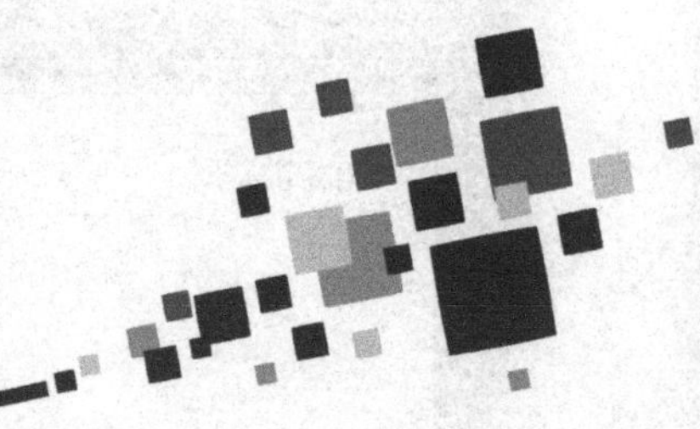

3.1 HTML 基本结构

3.1.1 HTML 基本结构

我们下面通过一张图来说明 HTML 的基本结构（图 3-1）。

一张网页就是一个 HTML 文档，一个 HTML 文档由 4 个基本部分组成。

① 文档声明：<!DOCTYPE html>

② html 标签对：<html></html>

③ head 标签对：<head></head>

④ body 标签对：<body></body>

```
<!DOCTYPE html>    → 文档声明
<html>
    <head>   ┐
    ......   ├→ 页头   ┐
    </head>  ┘         │
    <body>   ┐         ├→ HTML文档
    ......   ├→ 页身   │
    </body>  ┘         │
</html>                ┘
```

图 3-1 HTML 基本结构

大家都看到了吧，所谓的 HTML 就是一对对的标签（也有例外）。我们简单介绍一下这几个基本标签的作用。

1. 文档声明

<!DOCTYPE html> 声明这是一个 HTML 文档。

2. html 标签

html 标签的作用相当于开发者在告诉浏览器，整个网页是从 <html> 这里开始的，然后到 </html> 结束。

对于 html 这个标签，我们经常看到这样一句代码：

```
<html xmlns="http://www.w3.org/1999/xhtml">
```

这句代码声明了该网页使用的是 W3C 组织的 XHTML 标准，我们在后面会经常遇到。

3. head 标签

head 标签是页面的“头部”，在 <head></head> 标签对内部只能定义一些特殊的内容。

4. body 标签

body 标签是页面的“身体”，网页绝大多数的标签代码都是在 <body></body> 标签对内部编写。

在此说明一下：

① 对于 HTML 的基本结构，你至少要默写出来，这些都要记忆；

② 记忆标签有个小技巧，那就是根据标签的英文含义，比如 head 表示“页头”，body 表示“页身”。

3.1.2 用记事本编写网页

【第 1 步】：新建“记事本”，把下面这段代码复制到记事本中去，然后保存，将记事本名字改为“我的第一个网页”。

```
<!DOCTYPE html>
<html>
<head>
    <title>这是网页的标题</title>
</head>
<body>
    <p>这是网页的内容</p>
</body>
</html>
```

【第 2 步】: 将记事本后缀名“.txt”改为“.html”:

【第 3 步】: 点击“我的第一个网页.html”这个 HTML 文件，就可以在浏览器打开了。在浏览器预览效果如下。

图 3-2 将记事本后缀名改为“.html”

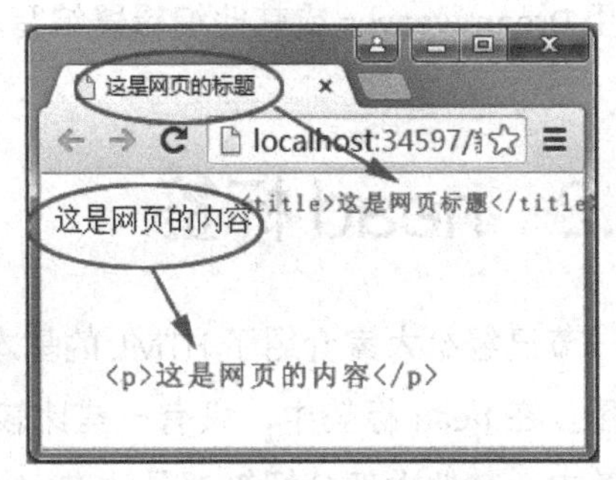

图 3-3 HTML 文件在浏览器效果

title 标签是 head 标签的内部标签，<title></title> 标签对中定义的是网页的标题内容，这个标题不是文章的标题，而是在浏览器上栏显示的那个标题。

p 标签是段落标签，可以定义一段文字内容，我们在后面会讲到这些标签的具体用法，在这里读者只需要了解一下即可。

3.1.3 用 Dreamweaver 编写网页

前面我们已经讲解了怎么在 Dreamweaver 建立一个网页，现在我们新建一个“HTML 页”，接下来我们就用 Dreamweaver 编写跟用记事本编写的一样的网页。完整的代码如下:

```
<!DOCTYPE html>
<html xmlns="http://www.w3.org/1999/xhtml">
<head>
    <title> 这是网页的标题 </title>        <!-- 这里添加网页标题 -->
</head>
<body>
    <p> 这是网页的内容 </p>              <!-- 这里添加网页内容 -->
</body>
</html>
```

点击“浏览器查看”，效果如图 3-4。

虽然用记事本也可以写网页代码，但是这是一个很原始的做法，建议读者以后都用 Dreamweaver 或其他编辑器编写。

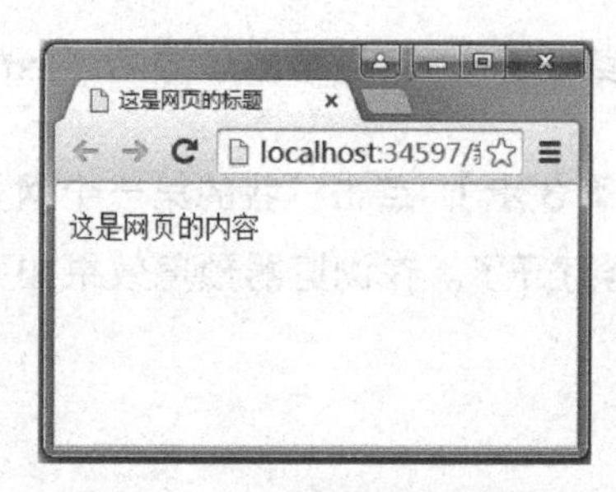

图 3-4 浏览器查看效果

3.2 head 标签

上一节已经给大家介绍了 HTML 的基本结构，也大概说了一下 head 标签的作用。在 head 标签中，只有一些比较特殊的标签才能放在 <head></head> 标签内，其他大部分标签都是放在 <body></body> 标签内。

本节内容可能比较抽象，对于初学者也缺乏实操性，因为这几个标签一般都是前端学习中期或者建站时期才用得到，读者在刚刚接触 HTML 的过程中，用到的并不多。但是为什么要在课程之初就给大家讲解 head 标签呢？其实是为了让大家有一个更流畅的学习思路：学习网页，先把“页头”学了，然后再学“页身”。

对于初学者而言，在这一小节的学习中，大家只需要记得 head 标签内部都有哪几个重要的标签，这些标签都有什么用。如果你实在记不住，至少也要有个大概印象。等到我们学完前端后期，再回过头来看本节内容的时候，我们会受益匪浅的。

一般来说，只有 6 个标签能放在 head 标签内：

① <title>

② <meta>

③ <link>

④ <style>

⑤ <script>

⑥ <base>

3.2.1 head 标签内的 title 标签

在 HTML 中，title 标签唯一的作用就是定义网页的标题，这个标题指的是浏览器上栏的标题，而不是网页文章中的标题。

语法：

```
<head>
    <title>……</title>
</head>
```

说明：

网页的标题内容，都是在 <title></title> 标签内定义。

举例：

```
<!DOCTYPE html>
<html>
    <head>
        <title> head 标签 _HTML 入门教程 _ 绿叶学习网 </title>
    </head>
    <body>
        <p> 这是网页的内容 </p>
    </body>
</html>
```

3.2.2 head 标签内的 meta 标签

meta 标签又叫“元信息标签”，是 head 标签内的一个辅助性标签。meta 标签内的信息不显示在页面中，一般用来定义页面的关键字、页面的描述等，以方便搜索引擎蜘蛛（如百度蜘蛛、谷歌蜘蛛）来搜索到这个页面的信息。通俗点说，meta 标签就是用来告诉搜索蜘蛛这个页面是干嘛的。

在互联网中，我们一般很形象地称搜索引擎为“搜索蜘蛛”或“搜索机器人”。

meta 标签有两个重要的属性 name 和 http-equiv。

1. meta 标签的 name 属性

我们先看一个实例：

```
<head>
    <!-- 网页关键字 -->
    <meta  name="keywords" content="绿叶学习网,HTML入门教程,CSS入门教程"/>
    <!-- 网页描述 -->
    <meta  name="description" content="绿叶学习网是一个富有活力的技术学习网站"/>
    <!-- 本页作者 -->
    <meta  name="author" content="helicopter">
    <!-- 版权声明 -->
     <meta  name="copyright" content="本站所有教程均为原创，版权所有，禁
止转载。否则将追究法律责任。"/>
</head>
```

下面我们总结一下 meta 标签 name 属性的主要属性值。

meta 标签的 name 属性取值

属性值	说明
keywords	网页的关键字（关键字可以是多个，而不仅仅是一个，用英文逗号隔开）
description	网页的描述
author	网页的作者
copyright	版权信息

上面只是列举了 meta 标签中 name 属性最常用的属性值。实际上，name 的属性值还远远不止上面这几个。对于初学者，我们仅仅了解表中的这几

个就完全足够了。对于 meta 标签的其他属性值，大家可以查看附录。

2. meta 标签的 http-equiv 属性

学习 meta 标签的 http-equiv 属性，我们只需要了解它的以下两个作用就行了。

（1）定义页面所使用的语言。

（2）实现页面的自动刷新跳转。

定义页面所使用的语言，语法如下：

```
<head>
        <meta http-equiv="content-type" content="text/html;
charset=gb2312"/>
</head>
```

说明：

这段代码告诉浏览器，该页面所使用的字符集是 gb2312，即国际汉字码。我们不需要记住，只需要了解就行了。

实现页面的自动刷新跳转，语法如下：

```
<head>
      <meta  http-equiv="refresh" content="秒数;url=网址"/>
</head>
```

说明：

“秒数”是一个整数，表示经过多少秒进行刷新跳转。

“网址”是刷新跳转的地址。

举例：

```
<!DOCTYPE html>
<html xmlns="http://www.w3.org/1999/xhtml">
<head>
      <!-- 定义页面所使用的语言 -->
```

```
    <meta http-equiv="content-type" content="text/html; charset=gb2312"/>
    <!-- 实现页面自动刷新跳转 -->
    <meta  http-equiv="refresh" content="6;url=http://www.baidu.com"/>
</head>
<body>
    <p>这个页面在6秒之后自动跳转到百度首页</p>
</body>
</html>
```

在前端开发学习前期，meta标签对于我们来说实际意义不大。只有在真正的实战开发中，我们才会经常用到meta标签的各种属性。对于初学者来说，我们只需要了解一下meta标签就可以了。不会写代码没关系，记不住也没关系。等以后我们回头翻一翻就行了。

3.2.3 head标签内的style标签

在head标签中，style标签用于定义元素的CSS样式。在后面的CSS入门章节我们会详细给大家介绍，在HTML入门学习中我们不需要深入探究。

语法：

```
<head>
    <style type="text/css">
    ……
    </style>
</head>
```

说明：

对于CSS样式，我们很多时候都是在<style></style>标签内编写的。

3.2.4 head标签内的script标签

在head标签中，script标签用于定义页面的JavaScript代码。在HTML和CSS的学习中，我们不需要去了解。等我们学习了JavaScript，自然就会用。

语法：

```
<head>
      <script type="text/javascript">
      ……
      </script>
</head>
```

说明：

对于 JavaScript 代码，我们很多时候都是在 <script></script> 标签内编写的。

3.2.5 head 标签内的 link 标签

在 head 标签中，link 标签都是用于引用外部 CSS 样式文件。对于 link 标签，我们在学习 CSS 时才会用到，在 HTML 的学习中了解一下即可。

语法：

```
<head>
      <link href="CSS 文件名 " rel="stylesheet" />
</head>
```

说明：

CSS 样式文件都是以“.css”为扩展名。

此外，HTML 标签中还有一个 base 标签，这个标签大家可以忽略，没有太多用处。

对于初学者来说，这一节的学习，大家只需要留个印象即可。但是当大家把 HTML 和 CSS 都学得差不多了，一定要回来认真把这一节学好。因为这一节的内容也是很重要的。

3.3 body 标签

head 标签代表的是网页的“头部”，而 body 标签代表的就是网页的“身体”

了。如果说 html 标签定义了整个网页的开始和结束，那么 body 标签的作用就是定义了网页主题内容的开始和结束。在以后的章节中，我们学习的所有标签都是位于 body 标签内部的。

之前我们也接触过 body 标签，下面来看一个 body 标签的例子。

举例：

```
<!DOCTYPE html>
<html xmlns="http://www.w3.org/1999/xhtml">
<head>
    <title>body 标签 </title>
</head>
<body>
    <h3> 静夜思 </h3>
    <p> 床前明月光，疑是地上霜。</p>
    <p> 举头望明月，低头思故乡。</p>
</body>
</html>
```

在浏览器预览效果如图 3-5。

静夜思

床前明月光，疑是地上霜。

举头望明月，低头思故乡。

图 3-5 body 标签

分析：

“<title>body 标签 </title>”表示网页的标题内容是“body 标签”。我们在 <body></body> 标签内部定义了一个三级标题（<h3></h3>），以及两个段落（<p></p>）。

3.4 HTML 注释

在编写 HTML 代码时，我们经常要在一些关键代码旁做一下注释，所谓的注释就是对相应的代码做一个说明或备注。这样做的好处很多。比如，方便理解、方便查找或方便项目组里的其他程序员了解你的代码，而且方便你以后对自己的代码进行修改。

语法：

```
<!-- 注释的内容 -->
```

说明：

“<!--”表示注释的开始，“-->”表示注释的结束。

举例：

```
<!DOCTYPE html>
<html xmlns="http://www.w3.org/1999/xhtml">
<head>
    <title>HTML 注释 </title>
</head>
<body>
    <h6> 静夜思 </h6>                          <!-- 标题标签 -->
    <p> 床前明月光，疑是地上霜。</p>           <!-- 文本标签 -->
    <p> 举头望明月，低头思故乡。</p>           <!-- 文本标签 -->
</body>
</html>
```

静夜思

床前明月光，疑是地上霜。

举头望明月，低头思故乡。

图 3-6 HTML 注释

我们把上面这段代码复制到 Dreamweaver 中，可以看出注释的代码颜色跟其他代码的颜色都不一样。注释的代码是浅绿色的。

然后我们在浏览器中预览，效果如图 3-6。

分析：

注释标签“<!---->”用于在代码中插入必要的注释，大家可以看到，用“<!---->”注释的内容不会显示在浏览器中。不管是哪种编程语言，对关键代码进行注释，有助于以后快速地看懂你当初所编写的代码。

对关键代码的注释是一个良好的习惯。在个人开发经验中，整站开发或功能模块开发时，代码的注释尤其重要。因为那个时候编写的代码往往都是几百上千行，你要是不对关键的代码进行注释，往往你自己都会觉得头晕，甚至看不懂自己当时写的代码。这样的感受，大家在以后的开发中会深刻地感受到。希望大家养成良好的代码注释习惯。

3.5 本章总结

1. HTML 基本结构

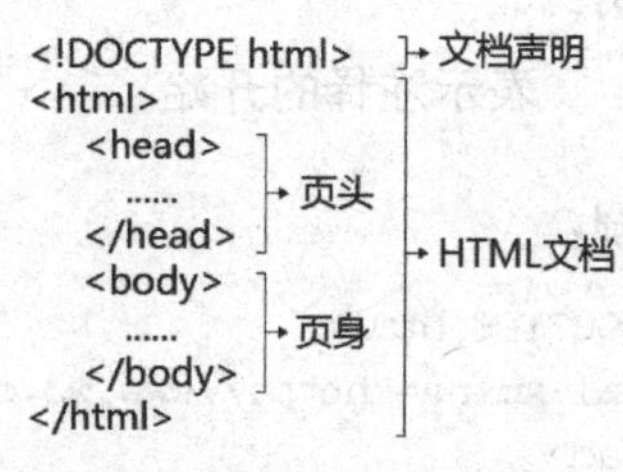

图 3-7 HTML 基本结构

（1）HTML 标签

整个网页是从 <html> 这里开始的，然后到 </html> 结束。

（2）head 标签

head 标签代表网页的“头”。在 <head></head> 中往往定义的是一些特殊的内容，这些内容往往都是“不可见内容”（在浏览器不可见）。

head 标签内部标签

内部标签	说明
<title>	定义网页的标题
<meta>	定义网页的基本信息（供搜索引擎）
<style>	定义 CSS 样式
<link>	链接外部 CSS 文件或脚本文件
<script>	定义脚本语言
<base>	定义页面所有链接的基础定位（用得很少）

head 标签的内部标签也非常重要，只不过在学习 HTML 的时候大家只需要感性认知即可。

（3）body 标签

body 标签代表网页的“身”。<body></body> 标签中定义网页展示的内容，这些内容往往都是“可见内容”（在浏览器可见）。

2. HTML 注释

HTML 注释是为了代码可读易懂，注释的内容在浏览器中不会显示出来。

语法：

<!-- 注释的内容 -->

说明：

“<!--”表示注释的开始，“-->”表示注释的结束。

训练题

默写 HTML 基本结构，可以使用 Dreamweaver 编辑器进行默写，因为在编辑器中，如果你写错，代码会有提示。

第 4 章

段落与文字

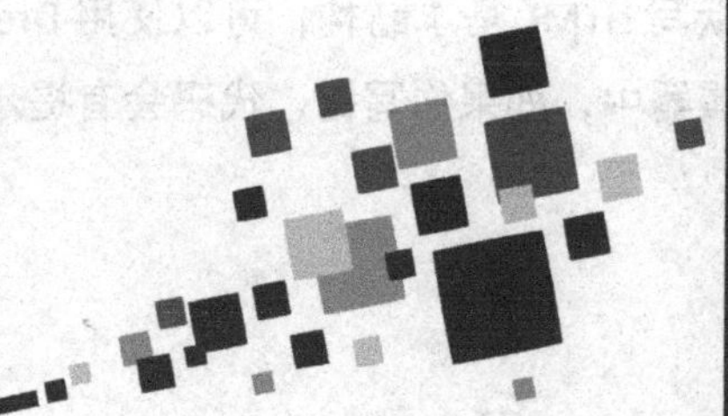

4.1 段落与文字简介

在 HTML 的入门学习中，我们主要学会了怎么做静态页面。在第 1 章“HTML 基础”里，已经给大家介绍了什么是静态页面和动态页面。

从我们浏览网页的经验知道，绝大部分静态页面由 4 类元素组成：文本、图像、超链接和多媒体（视频、音频等）。所以如果你要制作一个网页，学习这些内容里面的标签是义不容辞的。在接下来的章节，将一一给大家讲解。

不是具有“会动”元素（如视频、Flash 等）的页面就叫动态页面。判断一个页面是动态页面还是静态页面，标准在于是否与服务器进行交互。我们在“Web 技术简介”这一节已经详细讲解了这两者的区别。

先来看一个纯文本的网页，分析一下这个网页，进而得出在“段落与文字”这一章我们究竟要学习什么内容？

各科小常识

语文

《三国演义》中国古典四大名著之一。元末明初小说家罗贯中所著，是中国第一部长篇章回体历史演义的小说。描写了从东汉末年到西晋初年之间近100年的历史风云。

数学

勾股定理直角三角形：$a^2+b^2=c^2$。

英语

No pain, no gain.

化学

H_2SO_4是一种重要的工业原料，可用于制作肥料、洗涤剂等。

经济

版权符号: ©

注册商标: ®

图 4-1 纯文本网页（原图）

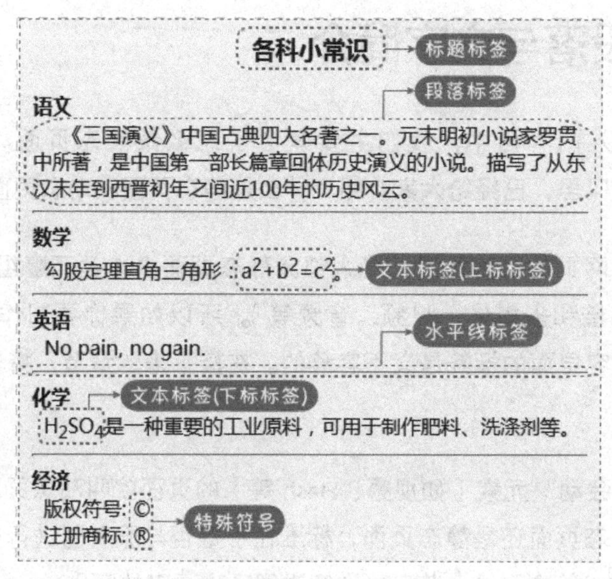

图 4-2 纯文本网页（分析图）

通过分析上面这个纯文本网页，我们可以得出，在“段落与文字”这一章我们至少要学习以下内容。

① 标题标签

② 段落标签

③ 文本标签

④ 换行标签

⑤ 水平线标签

⑥ 特殊符号

在这一章中，我们要多跟上面这张分析图对比一下，看看我们都学习了哪些内容，这能够让我们的学习思路变得非常清晰。当然，我们在这一章最基本的任务就是把这个纯文本网页做出来。

4.2 标题标签

我们先看一张网页，如图 4-3。

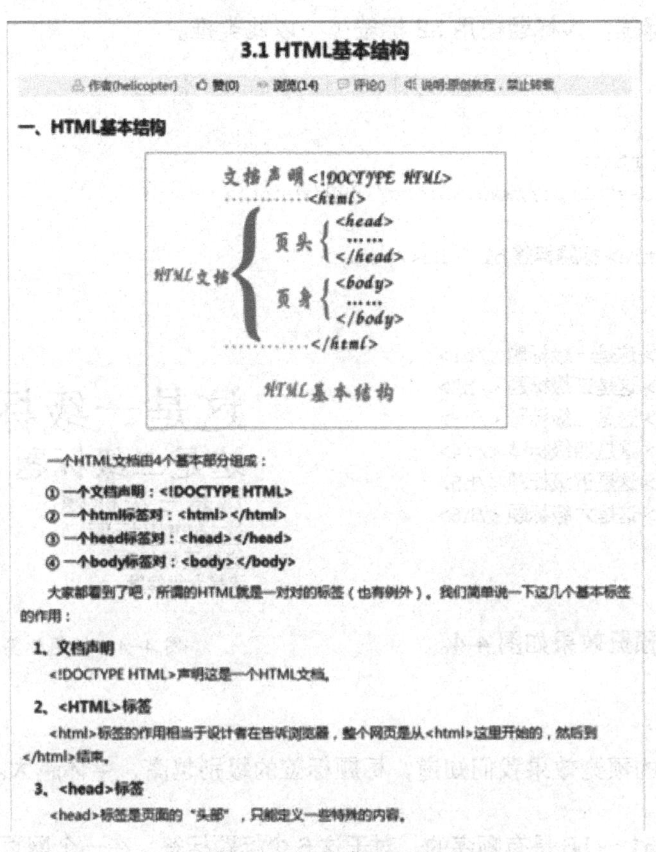

图 4-3 绿叶学习网页面

从上面这张网页中我们可以看到，对于一个 HTML 文档来说，它往往包括各种级别的标题。在 HTML 中，一共有 6 个级别的标签：<h1> ～ <h6>。

<h1> 到 <h6> 标签中的字母 h 是英文 header 的简称。作为标题，它们的

重要性是有区别的，其中 <h1> 标题的重要性最高，<h6> 标题最低。在此说明一下，一般一个页面只能有一个 <h1>，而 <h2> ～ <h6> 可以有多个。<h1> 代表的就是本页面的题目，试想一下，你见过哪篇文章有两个主标题吗？但是一篇文章却可以有多个小标题。

如果大家去查看绿叶学习网教程文章的源代码，我们可以发现，文章标题使用 h1 标签，大标题使用 h2 标签……以此类推。

举例：

```
<!DOCTYPE html>
<html xmlns="http://www.w3.org/1999/xhtml">
<head>
    <title> 标题标签 h1 ～ h6</title>
</head>
<body>
    <h1> 这是一级标题 </h1>
    <h2> 这是二级标题 </h2>
    <h3> 这是三级标题 </h3>
    <h4> 这是四级标题 </h4>
    <h5> 这是五级标题 </h5>
    <h6> 这是六级标题 </h6>
</body>
</html>
```

在浏览器预览效果如图 4-4。

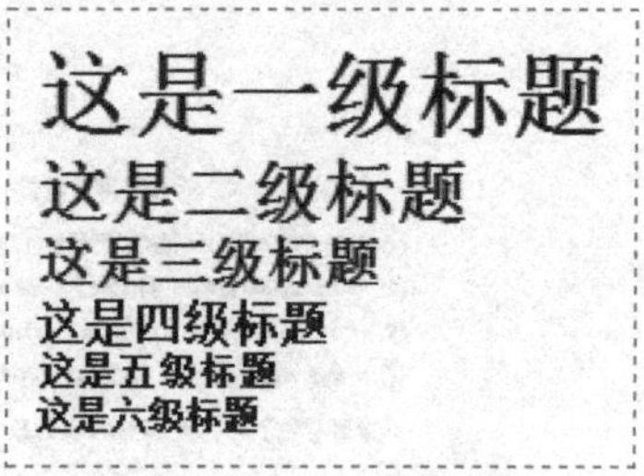

这是一级标题
这是二级标题
这是三级标题
这是四级标题
这是五级标题
这是六级标题

图 4-4 标题标签

分析：

从浏览器的预览效果我们知道，标题标签的级别越高，字体越大。

标题标签 h1 ～ h6 是有顺序的。对于这 6 个标题标签，在一个网页中，你不需要全部用上。一般情况下，都是根据需要才用。h1 ～ h6 标题标签并非是那么简单的，对于网页的搜索引擎优化来说，它们的作用是极其重要。关于这一点，可以关注绿叶学习网的 SEO 入门教程。

4.3 段落标签

4.3.2 段落标签 <p>

在 HTML 中，可以使用段落 p 标签来标记一段文字。

语法：

```
<p> 段落内容 </p>
```

举例：

```
<!DOCTYPE html>
<html xmlns="http://www.w3.org/1999/xhtml">
<head>
    <title> 段落标签 </title>
</head>
<body>
    <h3> 爱莲说 </h3>
      <p> 水陆草木之花，可爱者甚蕃。晋陶渊明独爱菊。自李唐来，世人甚爱牡丹。予独爱莲之出淤泥而不染，濯清涟而不妖，中通外直，不蔓不枝，香远益清，亭亭净植，可远观而不可亵玩焉。</p>
      <p> 予谓菊，花之隐逸者也；牡丹，花之富贵者也；莲，花之君子者也。噫！菊之爱，陶后鲜有闻；莲之爱，同予者何人？牡丹之爱，宜乎众矣。</p>
</body>
</html>
```

在浏览器预览效果如图 4-5。

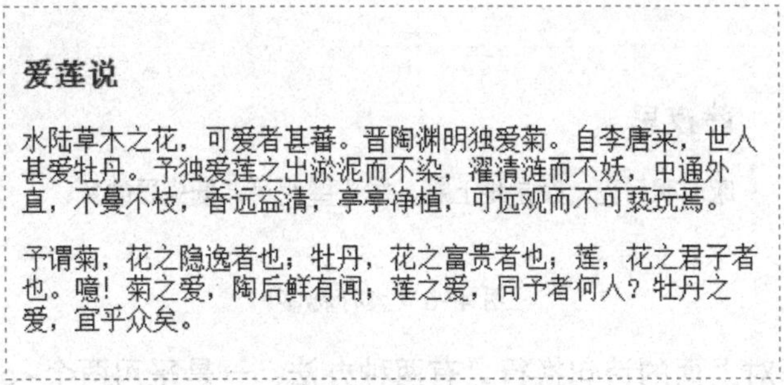

爱莲说

水陆草木之花，可爱者甚蕃。晋陶渊明独爱菊。自李唐来，世人甚爱牡丹。予独爱莲之出淤泥而不染，濯清涟而不妖，中通外直，不蔓不枝，香远益清，亭亭净植，可远观而不可亵玩焉。

予谓菊，花之隐逸者也；牡丹，花之富贵者也；莲，花之君子者也。噫！菊之爱，陶后鲜有闻；莲之爱，同予者何人？牡丹之爱，宜乎众矣。

图 4-5 段落标签

分析：

段落标签会自动换行，并且段落与段落之间有一定的空隙，大家看上图就很清楚了。

有人就会问，怎么改变文字的颜色和大小呀？同学，这些是网页外观的问题，我们在 CSS 入门中会详细给大家介绍。在 HTML 入门学习节点，大家只管什么情况下用什么标签就行了。

4.3.2 换行标签

我们知道，段落标签可以自动换行，那如果我们想随意地进行换行，该怎么办呢？大家先来看一段代码：

```
<!DOCTYPE html>
<html xmlns="http://www.w3.org/1999/xhtml">
<head>
    <title>换行标签</title>
</head>
<body>
    <h3>静夜思</h3>
    <p>床前明月光，疑是地上霜。举头望明月，低头思故乡。</p>
</body>
</html>
```

在浏览器预览效果如图 4-6。

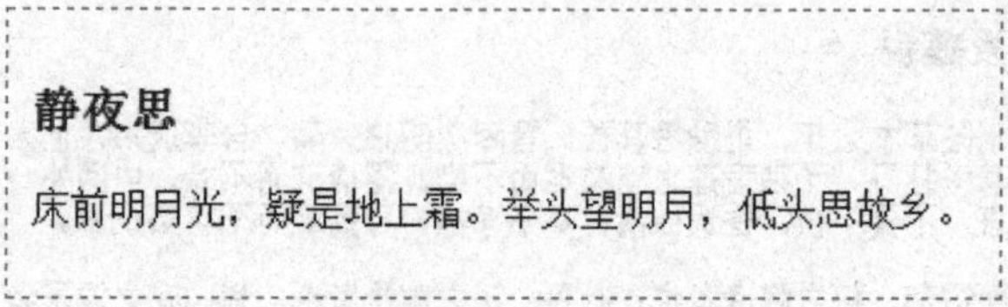

静夜思

床前明月光，疑是地上霜。举头望明月，低头思故乡。

图 4-6 换行标签

如果我们想对上面的诗句换行，有两种办法：一是采用两个 <p> 标签；二是采用换行标签
。

方法一：采用两个 <p> 标签

```
<!DOCTYPE html>
<html xmlns="http://www.w3.org/1999/xhtml">
<head>
      <title> 换行标签 </title>
</head>
<body>
      <h3> 静夜思 </h3>
      <p> 床前明月光，疑是地上霜。</p>
      <p> 举头望明月，低头思故乡。</p>
</body>
</html>
```

在浏览器预览效果如图 4-7。

静夜思

床前明月光，疑是地上霜。

举头望明月，低头思故乡。

图 4-7 p 标签实现换行

方法二：采用换行标签

```
<!DOCTYPE html>
<html xmlns="http://www.w3.org/1999/xhtml">
<head>
      <title> 换行标签 </title>
</head>
<body>
      <h3> 静夜思 </h3>
      <p> 床前明月光，疑是地上霜。<br/> 举头望明月，低头思故乡。</p>
</body>
</html>
```

在浏览器预览效果如图 4-8。

静夜思

床前明月光，疑是地上霜。
举头望明月，低头思故乡。

图 4-8 br 标签实现换行

很明显得，用 <p> 标签会导致两文字段落之间有一定空隙，而换行标签
 则不会。

br 标签用来给文字换行，而 p 标签用来给文字分段。如果内容是两段内容，大家别无聊地使用
 来换行那么麻烦，

用两个 <p> 标签即可。

换行标签是自闭合标签，其中 br 指的是“break”（换行）。

4.4 文本格式化标签

文本格式化标签，指的是针对文本进行各种“格式化”的一类标签，例如加粗、斜体、上标、下标等。

4.4.1 粗体标签 b、strong

在 HTML 中，想要对文本加粗，可以使用两个标签。

① **<b></b>**

② **<strong></strong>**

举例：

```
<!DOCTYPE html>
<html xmlns="http://www.w3.org/1999/xhtml">
<head>
    <title> 粗体标签 </title>
</head>
<body>
    <p> 这是普通文本 </p>
    <b> 这是粗体文本 </b><br/>
    <strong> 这是粗体文本 </strong>
</body>
</html>
```

在浏览器预览效果如图 4-9。

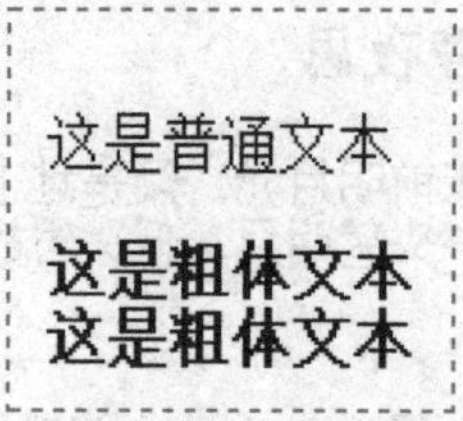

这是普通文本

这是粗体文本
这是粗体文本

图 4-9 粗体标签

分析：

b 标签和 strong 标签加粗的效果是一样的。但是在实际开发中，想要对文本加粗，尽量用 strong 标签，不要用 b 标签，这是由于 strong 标签比 b 标签更具有语义性。也就是说，大家只要记住 strong 标签即可，具体原因可以关注绿叶学习网的 HTML 进阶教程。

大家可以把上面代码中的换行标签
 去掉，看看会出现什么结果？

4.4.2 斜体标签 i、cite、em

在 HTML 中，想要对文本实现斜体，可以使用三个标签。

① <i></i>

② <cite></cite>

③ <em></em>

举例：

```
<!DOCTYPE html>
<html xmlns="http://www.w3.org/1999/xhtml">
<head>
        <title>斜体标签</title>
</head>
<body>
        <i>斜体文本</i><br/>
        <cite>斜体文本</cite><br/>
        <em>斜体文本</em>
</body>
</html>
```

在浏览器预览效果如图 4-10。

图 4-10 斜体标签

分析：

对于要对文本进行斜体设置，尽量用 <em> 标签，其他两个用得极少。

同样，大家把上面代码中的换行标签
 去掉，看看会出现什么结果？

4.4.3 上标标签 sup

在 HTML 中，想要实现文本变为上标的效果，可以使用 sup 标签。

举例：

```
<!DOCTYPE html>
<html xmlns="http://www.w3.org/1999/xhtml">
<head>
    <title>上标标签</title>
</head>
<body>
    <p>(a+b)<sup>2</sup>=a<sup>2</sup>+b<sup>2</sup>+2ab</p>
</body>
</html>
```

在浏览器预览效果如图 4-11。

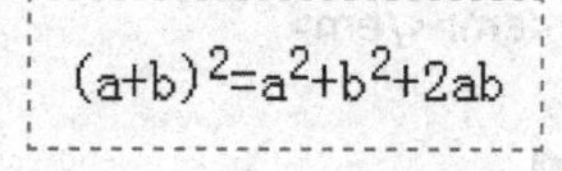

图 4-11 上标标签

分析：

要想将某个数字或文本变成上标形式的效果，就把这个数字或文本放在 标签对内。

4.4.4 下标标签 sub

在 HTML 中，想要实现文本变为下标的效果，可以使用 sub 标签。

举例：

```
<!DOCTYPE html>
<html xmlns="http://www.w3.org/1999/xhtml">
```

```
<head>
    <title> 下标标签 </title>
</head>
<body>
    <p>H<sub>2</sub>SO<sub>4</sub> 指的是硫酸分子 </p>
</body>
</html>
```

在浏览器预览效果如图 4-12。

H_2SO_4指的是硫酸分子

图 4-12 小标标签

说明：

要想将某个数字或文本变成下标形式的效果，就把这个数字或文本放在 **** 标签对内。注意，上标标签是 **<sup>**，下标标签是 **<sub>**，别记混了。

4.4.5 大字号标签 big 和小字号标签 small

在 HTML 中，想要对文本实现大字号可以使用 big 标签，如果对文本实现小字号可以使用 small 标签。

举例：

```
<!DOCTYPE html>
<html xmlns="http://www.w3.org/1999/xhtml">
<head>
    <title></title>
</head>
<body>
    <p> 普通字体文本 </p>
    <big> 大字号文本 </big><br/>
    <small> 小字号文本 </small>
</body>
</html>
```

在浏览器预览效果如图 4-13。

普通字体文本

大字号文本
小字号文本

图 4-13 大字号标签和小字号标签

说明：

大字号标签和小字号标签在实际开发中极少使用，因为这两个标签都是纯样式标签，我们可以用 CSS 来控制字体的大小。

为了网页语义化，small 标签也有一个非常大的用途，那就是用于网页底部的版权声明。

举例：

```
<!DOCTYPE html>
<html xmlns="http://www.w3.org/1999/xhtml">
<head>
    <title>small 标签用途 </title>
    <style type="text/css">
        #main
        {
            padding:10px;
            border:1px dashed gray;
            margin:100px auto;
            display:inline-block;
        }
    </style>
</head>
<body>
    <div id="main">
     <small>Copyright ©2015-2016 绿叶学习网 (www.lvyestudy.com), All
Rights Reserved</small></div>
</body>
</html>
```

在浏览器预览效果如图 4-14。

Copyright ©2015-2016 绿叶学习网(www.lvyestudy.com), All Rights Reserved

图 4-14 小字号标签用途

4.4.6 删除线标签 s

在 HTML 中，s 标签用来呈现那些不再准确或不再相关的内容。

举例：

```
<!DOCTYPE html>
<html xmlns="http://www.w3.org/1999/xhtml">
<head>
    <title>删除线标签</title>
</head>
<body>
    <p>新鲜的新西兰奇异果</p>
    <p><s>原价：¥6.50/kg</s></p>
    <p><strong>现在仅售：¥4.00/kg</strong></p>
</body>
</html>
```

在浏览器预览效果如图 4-15。

新鲜的新西兰奇异果

~~原价：¥6.50/kg~~

现在仅售：¥4.00/kg

图 4-15 删除线标签

说明：

在实际开发中，删除线效果常见于商品标价中，大家在淘宝天猫中经常能看到这样的效果。

在我们学了 CSS 之后，对于删除线效果，一般采用“text-decoration:line-through”实现，极少使用 s 标签实现。

4.4.7 下划线标签 u

在 HTML 中，对文本实现下划线效果使用的是 u 标签。

举例：

```
<!DOCTYPE html>
<html xmlns="http://www.w3.org/1999/xhtml">
<head>
    <title>下划线标签</title>
</head>
<body>
    <p><u>视觉化思考</u>能以独特而有效的方式，让你的心有更大的空间来解决问
题。</p>
</body>
</html>
```

在浏览器预览效果如图4-16。

视觉化思考能以独特而有效的方式，让你的心有更大的空间来解决问题

图 4-16 下划线标签

在实际开发中，对文本实现下划线效果，我们往往都是使用CSS中的“text-decoration:underline;”来实现，大家可以完全忽略这个u标签。

关于cite标签，可以关注我们官网的进阶教程。顺便说一下，这些标签是要记忆的，大家一定要根据他们的语义来记忆，这是最有效的记忆方法，而且还要辅以练习才可以真正掌握。实用的标签及其语义，以方便大家记忆。

4.5 水平线标签

在HTML中，水平线标签是<hr/>，它是一个自闭合标签。hr指的是horizon(水平线)。

语法：

```
<hr/>
```

举例：

```
<!DOCTYPE html>
<html xmlns="http://www.w3.org/1999/xhtml">
<head>
    <title>水平线标签</title>
</head>
<body>
    <h3>静夜思</h3>
    <p>床前明月光，疑是地上霜。</p>
    <p>举头望明月，低头思故乡。</p>
    <hr/>
    <h3>春晓</h3>
    <p>春眠不觉晓，处处闻啼鸟。</p>
    <p>夜来风雨声，花落知多少。</p>
```

```
</body>
</html>
```

在浏览器预览效果如图 4-17。

静夜思
床前明月光，疑是地上霜。
举头望明月，低头思故乡。

春晓
春眠不觉晓，处处闻啼鸟。
夜来风雨声，花落知多少。

图 4-17 水平线标签

4.6 div 标签

div 标签，主要用来为 HTML 文档内大块的内容提供结构和 CSS 样式控制。div，即“division”（分区），用来划分一个区域。div 标签，又称为“区隔标签”。我们常见的“div+css”中的 div，就是指我们现在学习的 div 标签。

div 标签内可以放入 body 标签的任何内部标签：段落文字、表格、列表、图像等。

我们先看一段代码：

```
<!DOCTYPE html>
<html xmlns="http://www.w3.org/1999/xhtml">
<head>
    <title>div 标签 </title>
</head>
<body>
    <!-- 这是第一首诗 -->
    <h3> 静夜思 </h3>
    <p> 床前明月光，疑是地上霜。</p>
    <p> 举头望明月，低头思故乡。</p>
    <hr/>
    <!-- 这是第二首诗 -->
    <h3> 春晓 </h3>
    <p> 春眠不觉晓，处处闻啼鸟。</p>
    <p> 夜来风雨声，花落知多少。</p>
</body>
</html>
```

对于这段代码，我们发现这个 HTML 文档结构比较凌乱。那接下来，我们用 div 标签为这段代码划分区域如下：

```
<!DOCTYPE html>
<html xmlns="http://www.w3.org/1999/xhtml">
<head>
    <title>div 标签 </title>
</head>
<body>
    <!-- 这是第一首诗 -->
    <div>
        <h3> 静夜思 </h3>
        <p> 床前明月光，疑是地上霜。</p>
        <p> 举头望明月，低头思故乡。</p>
    </div>
    <hr/>
    <!-- 这是第二首诗 -->
    <div>
        <h3> 春晓 </h3>
        <p> 春眠不觉晓，处处闻啼鸟。</p>
    <p> 夜来风雨声，花落知多少。</p>
    </div>
</body>
</html>
```

在浏览器预览效果如图 4-18。

静夜思
床前明月光，疑是地上霜。
举头望明月，低头思故乡。

春晓
春眠不觉晓，处处闻啼鸟。
夜来风雨声，花落知多少。

图 4-18 div 标签

这两段代码在浏览器预览的效果都是相同的，但是在源代码中却是不一样的。在这里，使用 div 标签划分区域的代码更具有逻辑性。

此外，div 标签可以用来包裹一大块内容，方便我们对这一块内容进行 CSS 样式控制。对于这一点，我们在 CSS 入门章节中将会学习。其实 div 的作用远远不止如此，对于我们初学者来说，现在不需要深入，先给大家留个印象。在后续章节，我们会不断让大家接触 div 标签，大家去感悟一下，慢慢就知道了。

4.7 网页特殊符号

4.7.1 网页中的空格

默认情况下，p 标签内的段落文字首行是不会缩进两个字的，如图 4-19。

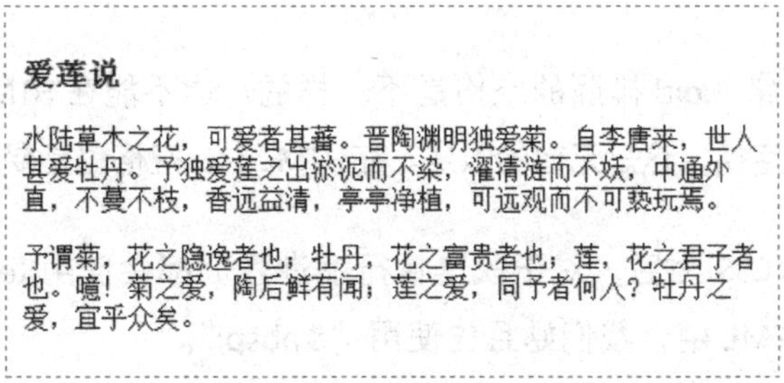

爱莲说

水陆草木之花，可爱者甚蕃。晋陶渊明独爱菊。自李唐来，世人甚爱牡丹。予独爱莲之出淤泥而不染，濯清涟而不妖，中通外直，不蔓不枝，香远益清，亭亭净植，可远观而不可亵玩焉。

予谓菊，花之隐逸者也；牡丹，花之富贵者也；莲，花之君子者也。噫！菊之爱，陶后鲜有闻；莲之爱，同予者何人？牡丹之爱，宜乎众矣。

图 4-19 p 标签外观

为了使得每个段落首行缩进，我们要在段落前加入空格。空格的 HTML 代码是“ ”。

举例：

```
<!DOCTYPE html>
<html xmlns="http://www.w3.org/1999/xhtml">
<head>
    <title> 网页空格 </title>
</head>
<body>
    <h3> 爱莲说 </h3>
    <p>    水陆草木之花，可爱者甚蕃。晋陶渊明独爱菊。自李唐来，世人甚爱牡丹。予独爱莲之出淤泥而不染，濯清涟而不妖，中通外直，不蔓不枝，香远益清，亭亭净植，可远观而不可亵玩焉。</p>
    <p>    予谓菊，花之隐逸者也；牡丹，花之富贵者也；莲，花之君子者也。噫！菊之爱，陶后鲜有闻；莲之爱，同予者何人？牡丹之爱，宜乎众矣。</p>
</body>
</html>
```

在浏览器预览效果如图 4-20。

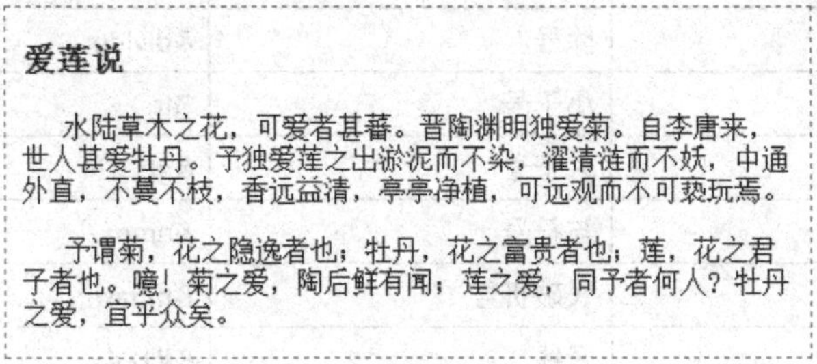

爱莲说

　　水陆草木之花，可爱者甚蕃。晋陶渊明独爱菊。自李唐来，世人甚爱牡丹。予独爱莲之出淤泥而不染，濯清涟而不妖，中通外直，不蔓不枝，香远益清，亭亭净植，可远观而不可亵玩焉。

　　予谓菊，花之隐逸者也；牡丹，花之富贵者也；莲，花之君子者也。噫！菊之爱，陶后鲜有闻；莲之爱，同予者何人？牡丹之爱，宜乎众矣。

图 4-20 网页中的空格

分析：

网页空格跟平常 Word 排版的空格是不一样的，你不能在 HTML 代码中按入 Space 键来输入空格，这是无效的做法。在 HTML 中，空格也是要用代码来实现。

当我们学完了 CSS 之后，对于段落首行缩进我们都会使用 text-indent 属性来控制。在 HTML 中，我们姑且先使用“ ”。

4.7.2 特殊符号

经常使用 Word 的人都知道，当使用输入法没办法输入某个字符（如欧元符号€、英镑符号 £ 等）时，我们都会查找 Word 本身提供的特殊字符。但是对于网页来说，怎样在网页输入这种特殊字符呢？

在 HTML 中，如果我们要往网页中输入特殊字符，就必须要输入该特殊字符相对应的 HTML 代码。这些特殊字符对应的 HTML 代码都是以“&”开头，以“;”（注意是英文分号）结束。

可输入的特殊符号

特殊符号	名称	代码
"	双引号（英文）	"
‘	左单引号	‘
’	右单引号	’
×	乘号	×
÷	除号	÷
<	小于号	<
>	大于号	>
&	与符号	&
—	长破折号	—
|	竖线		

其中，空格“ ”，也可以看做一个特殊符号。

想在网页中显示特殊符号，其实有两种方式。

① 直接在网页中输入该特殊符号；

② 在网页中输入该特殊符号对应的 HTML 代码。

举例：

```
<!DOCTYPE html>
<html xmlns="http://www.w3.org/1999/xhtml">
<head>
<title>特殊符号</title>
</head>
<body>
    <p>欧元符号：&euro;</p>
    <p>英镑符号：&pound;</p>
</body>
</html>
```

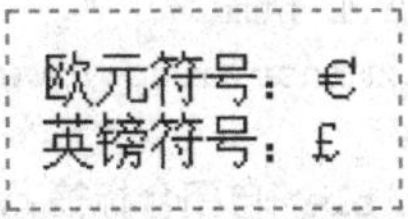

欧元符号：€
英镑符号：£

图 4-21 网页特殊符号

在浏览器预览效果如图 4-21。

分析：

使用下面代码同样能实现在网页中显示特殊符号，浏览器预览效果是一样的。

```
<!DOCTYPE html>
<html xmlns="http://www.w3.org/1999/xhtml">
<head>
    <title>特殊符号</title>
</head>
<body>
    <p>欧元符号：€</p>
    <p>英镑符号：£</p>
</body>
</html>
```

4.8 自闭合标签

4.8.1 什么叫自闭合标签

在之前的章节中我们说过，大多数 HTML 标签都是成对出现的，都有一个开始符号和一个结束符号。但是细心的同学会看到，有些标签是没有结束符号的，例如刚刚学的
 标签和 <hr/> 标签。

在 HTML 中，标签分为两种：一般标签和自闭合标签。

那自闭合标签和一般标签有什么区别呢？我们先看一段代码：

```
<!DOCTYPE html>
<html xmlns="http://www.w3.org/1999/xhtml">
<head>
    <title> 自闭合标签 </title>
    <meta charset="utf-8"/>
</head>
<body>
    <h3> 绿叶学习网 </h3>
    <br/>
    <p> 让这里的一切成为衬托你成功的绿叶。</p>
</body>
</html>
```

从这一段代码我们可以看出来，div 标签的开始符号和结束符号之间是可以插入其他标签或文字的，而 meta 标签和 hr 标签不能插入任何其他标签或文字，只能定义它自身有的属性。

现在我们可以总结出来以下几点。

① 一般标签由于有开始符号和结束符号，可以在标签内部插入其他标签或文字。

② 自闭合标签由于没有结束符号，没办法在内部插入其他标签或文字，只能定义自身的一些属性。

4.8.2 常见的自闭合标签

① <meta/> 定义页面的说明信息，供搜索引擎查看。

② <link/> 用于连接外部的 CSS 文件或脚本文件。

③ <base/> 定义页面所有链接的基础定位。

④
 用于换行。

⑤ <hr/> 为水平线。

⑥ <input/> 用于定义表单元素。

⑦ <img/> 为图像标签。

这些标签是为了方便大家理解，并不是要你去记忆。HTML 的各种标签被划分为一般标签和自闭合标签两种类型。因此，大家对 HTML 标签又有了更深入的了解。

4.9 块元素和行内元素

块元素和行内元素，这两个概念极其重要，同时也是 CSS 的基础知识之一。对于这一节的内容，大家要重点学习。

我们在之前的学习中可能发现，在浏览器的显示效果中，有些元素（即标签）独占一行，别的元素不能跟这个元素位于同一行，如 h1 ～ h6、p、div 等；而有些元素可以跟其他元素位于同一行，如 strong、em、u 等。

注：标签又叫“元素”，例如p标签又叫p元素，叫法不同，意思相同。这一节使用“元素”来称呼，也是让大家对这两种叫法都熟悉。在这里，所谓的“独占一行”并不是在代码中独占一行，而是在浏览器显示效果中独占一行。

HTML元素根据表现形式，可以分为两类。

① 块元素（block）

② 行内元素（inline）

任何HTML元素都属于这两种类型之一。

4.9.1 块元素

块元素在浏览器默认显示状态下将占据整行，排斥其他元素与其位于同一行。块元素一般为矩形，可以容纳行元素和其他的块元素。

常见块元素

块元素	说明
div	div层
h1～h6	1到6级标题
p	段落，会自动在其前后创建一些空白
hr	分割线
ol	有序列表
ul	无序列表

表中只是列出了HTML入门常见的块元素，并不是全部内容。

块元素有以下特点。

① 独占一行，排斥其他元素跟其位于同一行，包括块元素和行内元素。

② 块元素内部可以容纳其他块元素或行内元素。

举例：

```
<!DOCTYPE html>
<html xmlns="http://www.w3.org/1999/xhtml">
<head>
    <title>块元素和行内元素</title>
</head>
<body>
    <div>
        <h3>绿叶学习网</h3>
        <p>让这里的一切成为衬托你成功的绿叶</p>
         <strong>绿叶学习网</strong><em>让这里的一切成为衬托你成功的绿叶
</em>
    </div>
</body>
</html>
```

在浏览器预览效果如图 4-22。

绿叶学习网

让这里的一切成为衬托你成功的绿叶

绿叶学习网 *让这里的一切成为衬托你成功的绿叶*

图 4-22 块元素和行内元素

分析：

我们为每一个元素加入虚线框来分析它们的结构。

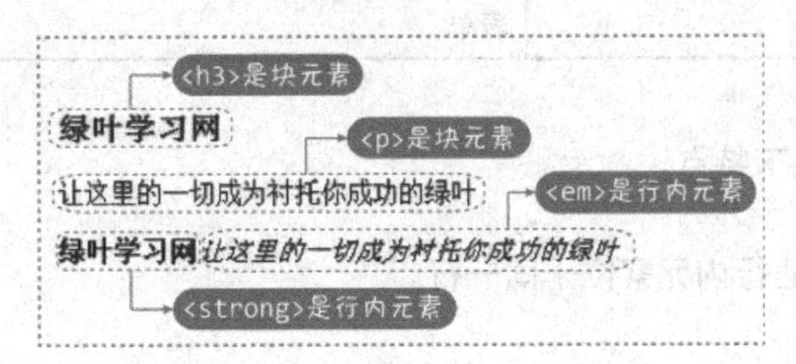

图 4-23 块元素和行内元素分析图

大家很容易看到以下特点。

① h3 和 p 是块元素，它们都是独占一行的，并且排斥任何元素（包括块元素和行内元素）跟它们位于同一行；而 strong 和 em 是行内元素，相邻两个行内元素是可以位于同一行的。

② h3、p、strong 和 em 这几个元素是位于 div 元素内部的，也就是块元素内部可以容纳其他块元素或行内元素。

4.9.2 行内元素

行内元素与块元素恰恰相反。行内元素默认显示状态可以与其他行内元素共存在同一行。

常见行内元素

行内元素	说明
strong	加粗强调
em	斜体强调
s	删除线
u	下划线
a	超链接
span	常用行级，可定义文档中的行内元素
img	图片
input	表单

行内元素有以下特点。

① 可以与其他行内元素位于同一行。

② 行内内部可以容纳其他行内元素，但不可以容纳块元素，不然会出现

无法预知的效果。

对于行内元素的理解，我们重新回去查看块元素中的实例。

这一节注重理解一个思想，而不是叫我们去记忆块元素有哪些，行内元素有哪些。在后续章节中，我们会给大家总结所有的块元素和行内元素。在学习完 CSS 入门章节之后再回来看一下块元素和行内元素的思想，我们会对 HTML 标签有更深一步的理解。

4.10 本章总结

“段落与文字”这一章主要介绍的是网页中的文本标签、特殊符号、自闭合标签和“块元素与行内元素”。

1. 标签总结

（1）段落与文字标签

段落与文字标签		
标签	语义	说明
<h1> ～ <h6>	header	标题
<p>	paragraph	段落
 	break	换行
<hr>	horizontal rule	水平线
<div>	division	分割（块元素）
<span>	span	区域（行内元素）

（2）文本格式化标签

文本格式化标签

标签	语义	说明
<strong>	strong（加强）	加粗
<em>	emphasized（强调）	斜体
<cite>	cite（引用）	斜体
<sup>	superscripted（上标）	上标
<sub>	subscripted（下标）	下标

2. 网页特殊符号

对于网页特殊符号，我们只需要记住空格“ ”这一个就行。其他的特殊符号我们不需要记忆，在实际开发中真正需要的时候再回来查询即可。

3. 自闭合标签

在HTML中，HTML标签分为两种：一般标签和自闭合标签。

一般标签有开始符号和结束符号，自闭合标签只有开始符号没有结束符号。

一般标签可以在开始符号和结束符号之间插入其他标签或文字。自闭合标签由于没有结束符号，不能插入其他标签或文字，只能定义自身的属性。

（1）一般标签，如<body></body>。

（2）自闭合标签，如
、<hr/>。

4. 块元素和行内元素

（1）HTML元素根据浏览器表现形式分为两类：块元素和行内元素。

（2）块元素特点

① 独占一行，排斥其他元素跟其位于同一行，包括块元素和行内元素。

② 块元素内部可以容纳其他块元素或行元素。

常见块元素有：h1 ～ h6、p、hr、div 等。

（3）行内元素特点

① 可以与其他行内元素位于同一行。

② 行内内部可以容纳其他行内元素，但不可以容纳块元素，不然会出现无法预知的效果。

常见行内元素有：strong、em、span 等。

4.11 训练题

下面是一个网页在浏览器上的效果，请制作一张一模一样的网页。

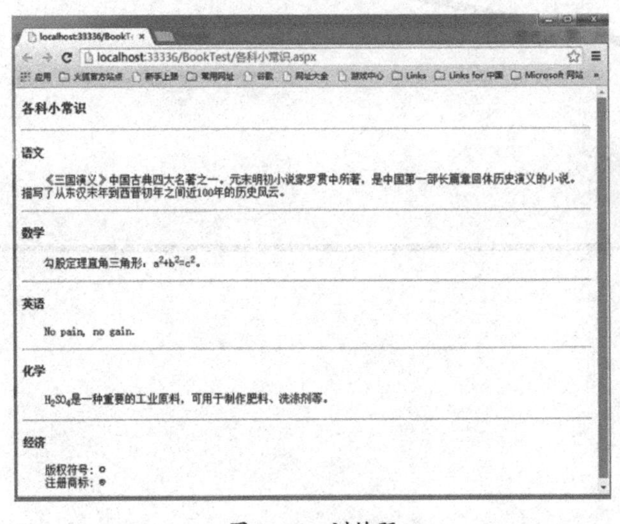

图 4-24 训练题

第5章

列表

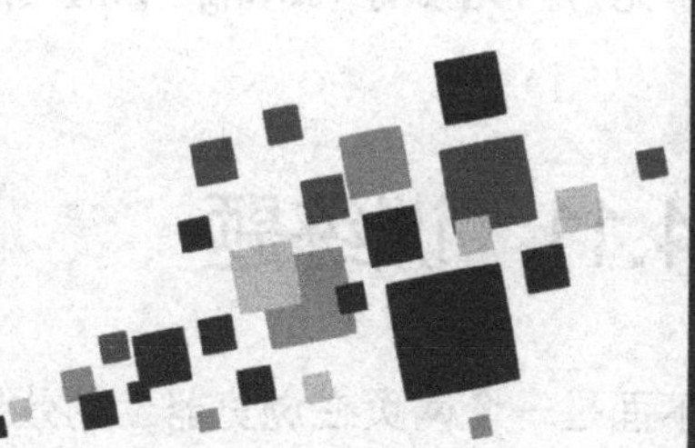

5.1 HTML 列表简介

5.1.1 网页中的列表

列表是网页中一种常用的数据排列方式，我们在网页中到处都可以看到列表的身影，如图 5-1 和图 5-2。

图 5-1 绿叶学习网的文字列表

图 5-2 绿叶学习网的图片列表

5.1.2 HTML 列表简介

在 HTML 中，列表共有三种：有序列表、无序列表和定义列表。

在有序列表中，列表项之间有先后顺序之分。在无序列表中，列表项之间没有先后顺序之分。定义列表是一组带有特殊含义的列表，一个列表项中包含“条件”和“说明”两部分。

很多人在别的书上看到还有目录列表 dir 和菜单列表 menu。其实，这两种列表已经被废除了，现在都是用无序列表 ul 代替。因此我们不会浪费篇幅来讲解这两个。

```
1. HTML
2. CSS
3. JavaScript
4. jQuery
5. Ajax
6. SEO
7. ASP.NET
```

图 5-3 有序列表

```
• HTML
• CSS
• JavaScript
• jQuery
• Ajax
• SEO
• ASP.NET
```

图 5-4 无序列表

```
HTML
    制作网页的标准语言，控制网页的结构
CSS
    层叠样式表，控制网页的样式
JavaScript
    脚本语言，控制网页的行为
```

图 5-5 定义列表

在这一章中，我们主要学习三种列表。

（1）有序列表

（2）无序列表

（3）定义列表

5.2 有序列表

5.2.1 有序列表简介

有序列表的各个列表项是有顺序的。有序列表从 **<ol>** 开始，到 **</ol>** 结束，中间的列表项是 **<li>** 标签内容。有序列表的列表项是有先后顺序的，一般采用数字或字母作为顺序，默认是采用数字顺序。

语法：

```
<ol>
      <li>有序列表项</li>
      <li>有序列表项</li>
      <li>有序列表项</li>
</ol>
```

说明：

ol，即“ordered list”（有序列表）。li，即“list item”（列表项）。理解标签

语义更有利于你记忆，而记忆 HTML 标签的语义是 HTML 的基础。更多标签语义请查看附录“HTML 标签的语义”。

在该语法中，<ol> 和 </ol> 标志着有序列表的开始和结束，而 <li> 和 </li> 标签表示这是一个列表项。在有序列表中可以包含多个列表项。

注意，<ol> 标签和 <li> 标签是配合使用，没有单独使用，而且 <ol> 标签内部不能存在任何其他标签，一般情况下只能存在 <li> 标签（对于初学者，我们忽略嵌套列表）。这个概念要非常清楚，在网站开发中很容易犯错。

举例：

```
<!DOCTYPE html>
<html xmlns="http://www.w3.org/1999/xhtml">
<head>
    <title> 有序列表 </title>
</head>
<body>
    <ol>
        <li>HTML</li>
        <li>CSS</li>
        <li>JavaScript</li>
        <li>jQuery</li>
        <li>Ajax</li>
        <li>SEO</li>
        <li>ASP.NET</li>
    </ol>
</body>
</html>
```

1. HTML
2. CSS
3. JavaScript
4. jQuery
5. Ajax
6. SEO
7. ASP.NET

图 5-6 有序列表

在浏览器预览效果如图 5-6。

5.2.2 有序列表 type 属性

看到上面的例子，初学者会问，我们只能用数字来表示列表项的顺序吗？默认情况下，有序列表使用数字作为列表项符号，不过我们可以通过有序列表 type 属性来改变列表项符号。

语法：

```
<ol type=" 符号类型 ">
    <li> 有序列表项 </li>
    <li> 有序列表项 </li>
    <li> 有序列表项 </li>
</ol>
```

说明：

有序列表 type 属性取值

属性值	列表项的序号类型
1	数字 1、2、3……
a	小写英文字母 a、b、c……
A	大写英文字母 A、B、C……
i	小写罗马数字 i、ii、iii……
I	大写罗马数字 I、II、III……

对于 type 属性实现的列表项符号，在学习了 CSS 之后我们可以使用 list-style-type 来实现。等我们把 CSS 学习完了，直接放弃 type 属性，全部都应该使用 CSS 来控制样式。

举例：

```
<!DOCTYPE html>
<html xmlns="http://www.w3.org/1999/xhtml">
<head>
    <title> 有序列表 type 属性 </title>
</head>
<body>
    <ol type="a">
        <li>HTML</li>
        <li>CSS</li>
        <li>JavaScript</li>
        <li>jQuery</li>
        <li>Ajax</li>
```

```
        <li>SEO</li>
        <li>ASP.NET</li>
    </ol>
</body>
</html>
```

在浏览器预览效果如图 5-7。

```
a. HTML
b. CSS
c. JavaScript
d. jQuery
e. Ajax
f. SEO
g. ASP.NET
```

图 5-7 有序列表 type 属性

5.3 无序列表

5.3.1 无序列表简介

无序列表很好理解，有序列表的列表项是有一定顺序的，而无序列表的列表项是没有顺序的。默认情况下，无序列表的项目符号是●，不过可以通过无序列表 type 属性来改变无序列表的列表项符号。

语法：

```
<ul>
    <li> 无序列表项 </li>
    <li> 无序列表项 </li>
    <li> 无序列表项 </li>
</ul>
```

说明：

ul，即“unordered list”（无序列表）。li，即“list item”（列表项）。理解标签语义更有利于你记忆，而记忆 HTML 标签的语义是 HTML 的基础。更多标签语义请查看附录“HTML 标签的语义”。

在该语法中，使用 <ul></ul> 标签表示一个无序列表的开始和结束，<li> 表示这是一个列表项。在一个无序列表中可以包含多个列表项。

注意，<ul> 标签和 <li> 标签也是配合使用，没有单独使用，而且 <ul> 标签内部不能存在任何其他标签，一般情况下只能存在 <li> 标签（对于初学者，我们忽略嵌套列表）。这个概念要非常清楚，在网站开发后期很容易犯错。（这个情况跟有序列表一样）。

举例：

```
<!DOCTYPE html>
<html xmlns="http://www.w3.org/1999/xhtml">
<head>
    <title> 无序列表 </title>
</head>
<body>
    <ul>
        <li>HTML</li>
        <li>CSS</li>
        <li>JavaScript</li>
        <li>jQuery</li>
        <li>Ajax</li>
        <li>SEO</li>
        <li>ASP.NET</li>
    </ul>
</body>
</html>
```

- HTML
- CSS
- JavaScript
- jQuery
- Ajax
- SEO
- ASP.NET

图 5-8 无序列表

在浏览器预览效果如图 5-8。

5.3.2 无序列表 type 属性

无序列表跟有序列表一样，都有一个 type 属性，用于定义列表项符号。我们可以改变 type 属性值来改变列表项符号。

语法：

```
<ul type=" 符号类型 ">
    <li> 无序列表项 </li>
    <li> 无序列表项 </li>
    <li> 无序列表项 </li>
</ul>
```

说明：

无序列表 type 属性取值	
属性值	列表项的序号类型
disc	默认值，实心圆“●”
circle	空心圆“○”
square	实心正方形“■”

跟有序列表一样，无序列表 type 属性实现的效果同样可以用 CSS 的 list-style-type 属性实现。作为初学者，我们可以先用一下 type 属性，到时候学了 CSS 入门教程之后，我们直接摒弃 type 属性，而全部改用 CSS 控制样式。

举例：

```
<!DOCTYPE html>
<html xmlns="http://www.w3.org/1999/xhtml">
<head>
    <title> 无序列表 type 属性 </title>
</head>
<body>
    <ul type="square">
        <li>HTML</li>
        <li>CSS</li>
        <li>JavaScript</li>
        <li>jQuery</li>
        <li>Ajax</li>
        <li>SEO</li>
        <li>ASP.NET</li>
    </ul>
</body>
</html>
```

在浏览器预览效果如图 5-9。

- HTML
- CSS
- JavaScript
- jQuery
- Ajax
- SEO
- ASP.NET

图 5-9 无序列表 type 属性

5.3.3 深入了解无序列表

在前端开发中，无序列表比有序列表更常用。无序列表大量地被使用，是

HTML 中少有的极其重要的标签。我们不说别的，就看看绿叶学习网都在哪些地方用到无序列表吧。

绿叶学习网的主导航、课程列表、图片切换等等这些地方都用到了无序列表。无序列表可谓无处不在！了解这一点，相信小伙伴们都惊呆了吧。可以说，凡是需要展示型信息的地方都用到了无序列表。

图 5-10 绿叶学习网中的无序列表

我们可以看一下大型网站都在哪些地方使用了无序列表。

图 5-11 百度首页用到的无序列表

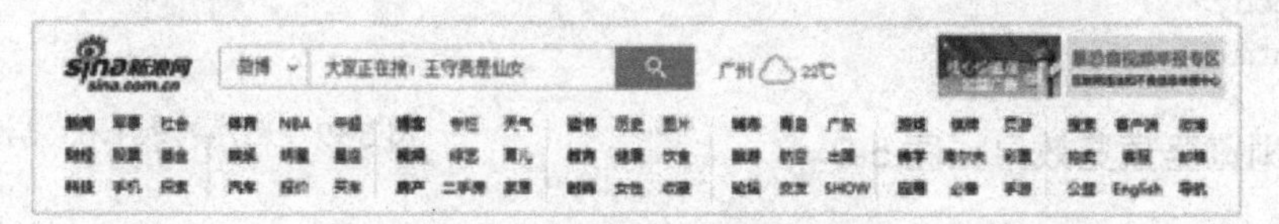

图 5-12 新浪中使用的无序列表

很多人都很疑惑，这些效果是怎样用无序列表做出来的？这些都是网页外观嘛，当然都是用 CSS 样式来实现的。现在不懂没关系，大家为了做出那么美观的效果，继续努力学习前端技术吧，那可不是一天两天能做出来的。

【疑问】

1. 无序列表 ul 元素内部的子元素是否只允许为 li 元素？

对的，ul 元素的子元素只能是 li，而不能是其他元素。对于 ul 内部的文本，也只能在 li 元素添加，而不能在 li 元素外部添加（这里不考虑嵌套列表）。

举例 1：

```
<!DOCTYPE html>
<html xmlns="http://www.w3.org/1999/xhtml">
<head>
    <title>无序列表</title>
</head>
<body>
    <ul type="square">
前端最核心的三个技术：

        <li>HTML</li>
        <li>CSS</li>
        <li>JavaScript</li>
    </ul>
</body>
</html>
```

分析：

上面代码是错误的，因为文本不能直接放在 ul 元素内部。正确做法应该是这样：

```
<!DOCTYPE html>
<html xmlns="http://www.w3.org/1999/xhtml">
<head>
    <title>无序列表</title>
</head>
<body>
```

前端最核心的三个技术：

```
    <ul  type="square">
        <li>HTML</li>
        <li>CSS</li>
        <li>JavaScript</li>
    </ul>
</body>
</html>
```

举例2：

```
<!DOCTYPE html>
<html xmlns="http://www.w3.org/1999/xhtml">
<head>
    <title>无序列表</title>
</head>
<body>
    <ul type="square">
        <li>HTML</li>
        <li>CSS</li>
        <p>JavaScript</p>
    </ul>
</body>
</html>
```

上面代码也是错误的，ul元素内部的子元素只能是li元素，不能是其他元素，这里用了p元素就不正确了。

5.4 定义列表

定义列表在实际开发用得不多，不过还是有一定的讲解价值。

定义列表由两部分组成：定义条件和定义描述。

语法：

```
<dl>
    <dt>定义名词</dt>
```

```
        <dd> 定义描述 </dd>
        ……
</dl>
```

说明：

dl 即 “definition list”（定义列表），dt 即 “definition term”（定义名词），而 dd 即 “definition description”（定义描述）。理解标签语义更有利于你记忆，而记忆 HTML 标签的语义是 HTML 的基础。更多标签语义请查看附录 “HTML 标签的语义”。

在该语法中，<dl> 标记和 </dl> 标记分别定义了定义列表的开始和结束，<dt> 后面添加要解释的名词，而在 <dd> 后面则添加该名词的具体解释。

举例：

```
<!DOCTYPE html>
<html xmlns="http://www.w3.org/1999/xhtml">
<head>
        <title> 定义列表 </title>
</head>
<body>
        <dl>
            <dt>HTML</dt>
            <dd> 制作网页的标准语言，控制网页的结构 </dd>
            <dt>CSS</dt>
            <dd> 层叠样式表，控制网页的样式 </dd>
            <dt>JavaScript</dt>
            <dd> 脚本语言，控制网页的行为 </dd>
        </dl>
</body>
</html>
```

在浏览器预览效果如图 5-13。

HTML
    制作网页的标准语言，控制网页的结构
CSS
    层叠样式表，控制网页的样式
JavaScript
    脚本语言，控制网页的行为

图 5-13 定义列表

分析：

从浏览器预览效果我们知道，dd 标签会缩进文本。但是我们不要在定义列表之外使用 dd 标签来缩进文本，因为这并不是有效的 HTML（dd 标签只能在 dl 标签内部使用），并且它会在某些浏览器中造成难以预料的后果。

5.5 HTML 中的大误区

前面我们接触了不少 HTML 标签，很多同学在学习的过程中，由于对标签语义不熟悉，常常用某一个标签代替另外一个标签来实现相同的效果。例如想要实现有序列表的效果，有些同学就可能会用以下代码实现：

```
<!DOCTYPE html>
<html xmlns="http://www.w3.org/1999/xhtml">
<head>
    <title>HTML 中的大误区 </title>
</head>
<body>
    <div>1.HTML</div>
    <div>2.CSS</div>
    <div>3.JavaScript</div>
    <div>4.jQuery</div>
    <div>5.Ajax</div>
    <div>6.SEO</div>
    <div>7.ASP.NET</div>
</body>
</html>
```

1.HTML
2.CSS
3.JavaScript
4.jQuery
5.Ajax
6.SEO
7.ASP.NET

图 5-14 div 标签实现的“无序列表”

在浏览器预览效果如图 5-14。

乍一看，代码不同，但是在浏览器实现的效果跟有序列表的效果都差不多啊！可能某些初学者还会自诩：哎呀，这个方法用得太机智了，这个世界上也真的就只有我才想得到（哎，我曾经也自诩过，实在惭愧）。正是因为这种错误的想法，导致初学者在 HTML 学习的过程中，没有认真把每一个标签的语义弄懂，糊里糊涂地就过去了，能用某一个学过的标签代替这个新的标签，我就懒得学这个新的标签。

用某一个标签代替另外一个标签来实现相同的效果，这是大多数初学者会遇到的问题。但是很多人就会有一个疑问：对于很多标签（如列表标签和p标签）实现的效果，我们可以用div标签和span标签这两个就可以实现呀，干嘛那么费心费力地去学习那么多的标签呢？

这一点正好戳中HTML的精髓了。说得没错，你可以用div标签和span标签这两个无语义的标签代替大部分语义标签，或者用多个p标签代替列表标签。但是这样，你就违背了HTML这门语言的初衷。HTML中的每一个标签都有它自身的语义，例如p标签，表示的是"paragraph"，标记的是一个段落。如果你用div标签来代替p标签，那这段文字就没有任何语义了。语义这种东西非常重要，编写一个语义结构良好清晰的网页，这正是你学习HTML的目的。在建站时期，往往你编写的代码是成千上万行的。上万行，跟你现在的几行代码相比，那是一个怎样的概念，可想而知了。如果你全部用div和span来实现，我相信你看得头都晕。要是某一行代码出错了怎么办，你怎么找到错误的那一行代码？此外，网页语义结构良好，对于搜索引擎优化（SEO）来说也是极其重要的一点。

很多人都觉得HTML很简单，不就是几个标签吗？正是因为它简单，你往往就忽略了它的目的和重要性。

现在大家知道学习HTML的目的是什么了吧。我们学习HTML不是看自己学了多少标签，更重要的是在你需要的地方能不能用到正确的语义化标签。把标签用在对的地方，这是HTML学习的目的所在。关于语义化标签，可以关注绿叶学习网的HTML进阶教程。我们会深入讲解语义化标签，教你怎么在整站设计的过程中编写结构清晰良好，且被搜索引擎喜欢的语义化页面。

5.6 本章总结

这一章主要介绍了三种列表：有序列表、无序列表和定义列表。还讲解了初学者在HTML学习中的误区。

1. HTML的三种列表

列表有三种：有序列表、无序列表和定义列表。

HTML列表

标签	语义	说明
ol	ordered list	有序列表
ul	unordered list	无序列表
dl	definition list	定义列表

有序列表和无序列表都比较常用，而定义列表比较少用。在实际应用中，最常用的是无序列表，大家要重点掌握。

目录列表和菜单列表已经被废除，大家可以直接忽略。

（1）有序列表

语法：

```
<ol>
    <li>有序列表项</li>
    <li>有序列表项</li>
    <li>有序列表项</li>
</ol>
```

有序列表type属性取值

属性值	列表项的序号类型
1	数字1、2、3……
a	小写英文字母a、b、c……
A	大写英文字母A、B、C……
i	小写罗马数字i、ii、iii……
I	大写罗马数字I、II、III……

学习了CSS之后，对于有序列表列表项符号的定义，我们应该摒弃type属性，而是由CSS中的list-style-type属性定义。

（2）无序列表

无序列表是三种列表中最为重要的列表。

语法：

```
<ul>
    <li>无序列表项</li>
    <li>无序列表项</li>
    <li>无序列表项</li>
</ul>
```

无序列表 type 属性取值

属性值	列表项的序号类型
disc	默认值，实心圆“●”
circle	空心圆“○”
square	实心正方形“■”

学习了 CSS 之后，对于有序列表列表项符号的定义，我们应该摒弃 type 属性，而是由 CSS 中的 list-style-type 属性定义。

（3）定义列表

定义列表在实际开发用得并不多，使用语法如下：

```
<dl>
    <dt>定义名词</dt>
    <dd>定义描述</dd>
    ……
</dl>
```

2. HTML 学习中的误区

学习 HTML，就是在你需要的地方用到正确的并且符合语义的标签。把标签用“对”，这才是学习 HTML 的目的。例如一段文字，应该使用 p 标签，而不是使用 div 标签或者其他标签。网页语义结构良好，对于搜索引擎来说也是极为重要的一点。

关于语义，可以参考附录“HTML 标签的语义”。

5.7 训练题

问卷调查：下面是一个网页在浏览器上的效果，请制作一张一模一样的问卷调查网页。

要求：

① 大标题使用 <h3> 标签。

② 问卷调查题目使用 <h4> 标签。

③ 前两个问题选项使用有序列表。

④ 最后一个问题选项使用无序列表。

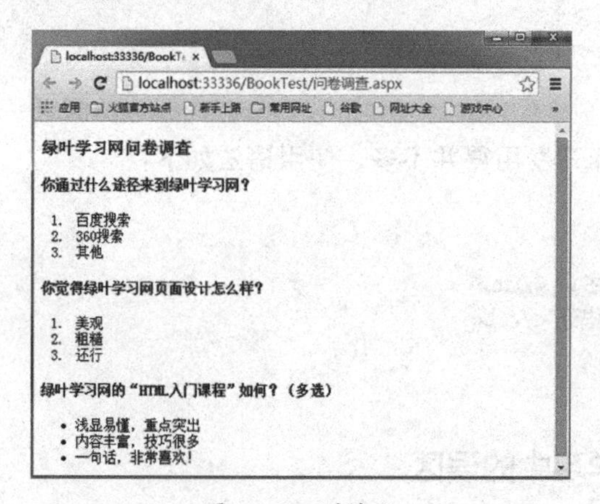

图 5-15 训练题

在 HTML 入门学习中，对于标签我们很难学一个就掌握一个。一个诺贝尔奖获得者曾经说过，在学习初期不懂，就跳过，等到你学到更高级的知识时再回过头看，你就会恍然大悟。

第 6 章

表格

6.1 表格简介

表格在前端开发中用得很多，例如绿叶学习网中的教程中就大量使用了表格。在前端开发时，使用表格可以更清晰地排列数据，如图 6-1。

前端开发技术

核心技术	说明
HTML	网页编程语言，定义网页的结构
CSS	层叠样式表，定义网页的外观
JavaScript	网页脚本语言，定义网页的行为

图 6-1 绿叶学习网中的表格

在过去的 Web 1.0 时代，表格更多地用在网页布局定位上。但是在 Web 2.0 时代，表格已经被摒弃了，现在使用的是“DIV+CSS”模式。

在 HTML 表格这一章中，我们最基本的任务就是把下面这样的表格做出来，如图 6-2。对于表格边框、颜色等的样式控制，我们在 CSS 章节中再详细讲解。

前端开发技术

核心技术	说明
HTML	网页编程语言，定义网页的结构
CSS	层叠样式表，定义网页的外观
JavaScript	网页脚本语言，定义网页的行为

图 6-2 本章最基本的任务

有些初学者就有疑问了，不是说使用表格布局这种方式已经被抛弃了吗？干嘛还学表格呢？学习表格，不等于用表格来布局，而是用表格来展示数据。就像绿叶学习网没有用到表格来布局，但是这些在线教程需要用大量的表格来展示数据，大家要非常清楚这一点。所以，认真把 HTML 表格学好也是非常有必要的。

6.2 表格基本结构

表格的基本标签有：table 标签（表格）、tr 标签（行）、td 标签（单元格）。<tr> 标签和 <td> 标签都要在表格的开始标签 <table> 和结束标签 </table> 之间才有效。

语法：

```
<table>
      <tr>
          <td>单元格 1</td>
          <td>单元格 2</td>
      </tr>
      <tr>
          <td>单元格 1</td>
          <td>单元格 2</td>
      </tr>
</table>
```

单元格1	单元格2
单元格1	单元格2

图 6-3　表格基本结构

说明：

tr，即“table row”（表格行）。td，即“table data cell”（表格单元格）。

<table> 和 </table> 标记着表格的开始和结束；<tr> 和 </tr> 标记着行的开始和结束；<td> 和 </td> 标记着单元格的开始和结束。在表格中包含几组 <tr></tr> 就表示该表格为几行。

举例：

```
<!DOCTYPE html>
<html xmlns="http://www.w3.org/1999/xhtml">
<head>
      <title>表格基本结构</title>
</head>
<body>
      <table>
          <tr>
              <td>单元格 1</td>
              <td>单元格 2</td>
```

```
            </tr>
            <tr>
                <td>单元格3</td>
                <td>单元格4</td>
            </tr>
        </table>
</body>
</html>
```

在浏览器预览效果如图6-4。

图6-4 表格基本结构实例

分析：

默认情况下，表格是没有边框的，上面加入边框是想让读者更清楚地看到一个表格结构。对于表格边框、背景色等，我们在CSS中会详细讲解。在HTML学习中，我们只需要知道表格需要用到什么标签就行了。记住，HTML的学习只管结构，CSS的学习才管样式。

【疑问】

用“table布局”好，还是使用“DIV+CSS布局”好呢?

table布局，已经是Web1.0时代的落后技术了。table布局，有非常多的弊端，例如代码过于冗余、难以维护、不够灵活等。

DIV+CSS布局，指的就是“XHTML+CSS布局”，这是Web2.0时代的技术，基本上规避了table布局的弊端。现在，大家也应该知道自己该学哪一种布局技术了。

6.3 表格完整结构

在上一节“表格的基本结构”中，我们学习了表格的基本结构，下面我们把表格的完整结构逐步学习完。

6.3.1 表格标题 caption

表格一般都有一个标题，表格的标题使用 caption 标签。默认情况下，表格的标题位于整个表格的第一行，一个表格只能含有一个表格标题。

语法：

```
<table>
    <caption>表格标题</caption>
    <tr>
        <td></td>
        <td></td>
    </tr>
    <tr>
        <td></td>
        <td></td>
    </tr>
</table>
```

举例：

```
<!DOCTYPE html>
<html xmlns="http://www.w3.org/1999/xhtml">
<head>
    <title>表格标题标签</title>
</head>
<body>
    <table>
        <caption>考试成绩表</caption>
        <tr>
            <td>小明</td>
            <td>80</td>
            <td>80</td>
            <td>80</td>
        </tr>
        <tr>
            <td>小红</td>
            <td>90</td>
            <td>90</td>
            <td>90</td>
        </tr>
```

```
        <tr>
            <td> 小杰 </td>
            <td>100</td>
            <td>100</td>
            <td>100</td>
        </tr>
    </table>
</body>
</html>
```

在浏览器预览效果如图 6-5。

考试成绩表

小明	80	80	80
小红	90	90	90
小杰	100	100	100

图 6-5 表格完整结构实例（1）

分析：

默认情况下，表格是没有边框的。为表格添加边框，这是 CSS 的内容。我们加入边框是为了让读者更清楚地看到表格结构。

6.3.2 表头 th

表格的表头 th 是 td 单元格的一种变体，它的本质还是一种单元格。它一般位于第一行，用来表明这一行或列的内容类别。表头有一种默认样式：浏览器会以粗体和居中的样式显示 <th></th> 标签中的内容。

th 标签和 td 在本质上都是单元格，但是并不代表这两种可以互换使用。这两者的根本区别在于语义上。th，即“table header”（表头单元格）。而 td，即“table data cell”（单元格）。当然对于表头，我们可以用 td 标签代替 th 标签，但是不建议这样做，因为在“HTML 中的大误区”这一节我们详细介绍了：学习 HTML 的目的就是在需要的地方用到正确的语义标签。

语法：

```
<table>
    <caption> 表格标题 </caption>
    <tr>
        <th> 表头单元格 1</th>
        <th> 表头单元格 2</th>
```

```
            ……
        </tr>
        <tr>
            <td></td>
            <td></td>
        </tr>
        <tr>
            <td></td>
            <td></td>
        </tr>
</table>
```

举例：

<!DOCTYPE html>

```
<html xmlns=" http://www.w3.org/1999/xhtml" >
<head>
        <title> 表格表头标签 </title>
</head>
<body>
        <table>
            <caption> 考试成绩表 </caption>
            <tr>
                <th> 姓名 </th>
                <th> 语文 </th>
                <th> 英语 </th>
                <th> 数学 </th>
            </tr>
            <tr>
                <td> 小明 </td>
                <td>80</td>
                <td>80</td>
                <td>80</td>
            </tr>
            <tr>
                <td> 小红 </td>
                <td>90</td>
                <td>90</td>
                <td>90</td>
            </tr>
            <tr>
```

```
                <td> 小杰 </td>
                <td>100</td>
                <td>100</td>
                <td>100</td>
            </tr>
        </table>
</body>
</html>
```

在浏览器预览效果如图 6-6。

考试成绩表

姓名	语文	数学	英语
小明	80	80	80
小红	90	90	90
小杰	100	100	100

图 6-6 表格完整结构实例（2）

分析：

默认情况下，表格是没有边框的。我们加入边框是让读者更清楚地看到表格结构。

6.4 表格语义化

在前面，我们学习了如下标签：table 标签（表格）、tr 标签（行）、td 标签（标准单元格）、caption 标签（标题）和 th 标签（表头单元格）。

为了更深一层对表格进行语义化，HTML 引入了 thead、tbody 和 tfoot 这三个标签。这三个标签把表格分为三部分：表头、表身、表脚。有了这三个标签，表格 HTML 代码语义更加良好，结构更加清晰。

表格标题

表头单元格1	表头单元格2
标准单元格1	标准单元格2
标准单元格1	标准单元格2
标准单元格1	标准单元格2

图 6-7 表格结构

语法：

```
<table>
        <caption> 表格标题 </caption>
        <!-- 表头 -->
        <thead>
            <tr>
                <th> 表头单元格 1</th>
                <th> 表头单元格 2</th>
```

```
        </tr>
    </thead>
    <!-- 表身 -->
    <tbody>
        <tr>
            <td> 标准单元格 1</td>
            <td> 标准单元格 2</td>
        </tr>
        <tr>
            <td> 标准单元格 1</td>
            <td> 标准单元格 2</td>
        </tr>
    </tbody>
    <!-- 表脚 -->
    <tfoot>
        <tr>
            <td> 标准单元格 1</td>
            <td> 标准单元格 2</td>
        </tr>
    </tfoot>
</table>
```

说明：

thead、tbody 和 tfoot 这三个标签也是表格中非常重要的标签，它在语义上区分了表头、表身、表脚。很多人容易忽略这三个标签。

举例：

```
<html xmlns="http://www.w3.org/1999/xhtml">
<head>
    <title> 表格语义化 </title>
</head>
<body>
    <table>
        <caption> 考试成绩表 </caption>
        <thead>
            <tr>
                <th> 姓名 </th>
                <th> 语文 </th>
                <th> 英语 </th>
                <th> 数学 </th>
```

```
                <tr>
            </thead>
            <tbody>
                <tr>
                    <td>小明</td>
                    <td>80</td>
                    <td>80</td>
                    <td>80</td>
                </tr>
                <tr>
                    <td>小红</td>
                    <td>90</td>
                    <td>90</td>
                    <td>90</td>
                </tr>
                <tr>
                    <td>小杰</td>
                    <td>100</td>
                    <td>100</td>
                    <td>100</td>
                </tr>
            </tbody>
            <tfoot>
                <tr>
                    <td>平均</td>
                    <td>90</td>
                    <td>90</td>
                    <td>90</td>
                </tr>
            </tfoot>
        </table>
</body>
</html>
```

考试成绩表

姓名	语文	英语	数学
小明	80	80	80
小红	90	90	90
小杰	100	100	100
平均	90	90	90

图 6-8　表格语义化

在浏览器预览效果如图 6-8。

分析：

页脚往往都是用于统计数据的。默认情况下，表格是没有边框的。我们加入边框是让读者更清楚地看到表格结构。

很多人问，对于表格的显示效果来说，thead、tbody、tfoot 这三个标签加了跟没加一样呀？确实，作为新手的时候，我也有过这个疑问。但是加了之后会让你的代码更具有逻辑性。为什么高手写的代码都是那么清晰自然呢？大家可想而知。当然，还有一点就是：我们在之前不断地提及“语义化”这个词，这是因为 HTML 语义结构极其重要，特别是针对搜索引擎。HTML 没什么东西可学，唯一可学的就是它的语义化。

thead、tbody、tfoot 除了使得代码更有语义化，还有一个很重要的作用：方便分块控制表格的 CSS 样式。

6.5 合并行 rowspan

在设计表格时，有时候需要将两个或更多的相邻单元格组合成一个单元格，类似 Word 表格中的“合并单元格”。在 HTML 中，这就需要用到“合并行”和“合并列”。

合并行使用 td 标签的 rowspan 属性，而合并列则用到 td 标签的 colspan 属性。在这一节，我们先来学习合并行 rowspan 属性。

语法：

```
<td rowspan="跨度的行数">
```

举例：

```
<!DOCTYPE html>
<html xmlns="http://www.w3.org/1999/xhtml">
<head>
    <title>合并行 rowspan</title>
</head>
<body>
    <table>
        <!-- 第 1 行 -->
        <tr>
            <td>姓名：</td>
```

```
            <td>小明</td>
        </tr>
        <!--第2行-->
        <tr>
            <td rowspan="2">喜欢水果:</td>
            <td>苹果</td>
        </tr>
        <!--第3行-->
        <tr>
            <td>香蕉</td>
        </tr>
    </table>
</body>
</html>
```

<table>
<tr><td>姓名:</td><td>小明</td></tr>
<tr><td rowspan="2">喜欢水果:</td><td>苹果</td></tr>
<tr><td>香蕉</td></tr>
</table>

图 6-9 表格合并行

在浏览器预览效果如图 6-9。

分析:

对于单元格"<td>喜欢水果:</td>",如果我们没有加上 rowspan="2",在浏览器预览效果就变成下面那样,如图 6-10。

姓名:	小明
喜欢水果:	苹果
香蕉	

图 6-10 没有合并行的表格

所谓的"合并行",其实就是将表格相邻的行进行合并。大家要好好琢磨一下上面这个例子是如何实现的。多尝试自己写一写,刚刚开始不会写也没关系,合并行与合并列用得也不多,到时候需要的时候再回来这里查一下即可。

6.6 合并列 colspan

在 HTML 中,表格合并列指的是将几个列进行合并。

语法:

```
<td colspan="跨度的列数">
```

举例:

```
<!DOCTYPE html>
<html xmlns="http://www.w3.org/1999/xhtml">
<head>
    <title>合并列 colspan</title>
</head>
<body>
    <table>
        <!--第1行-->
        <tr>
            <td colspan="2">绿叶学习网精品教程</td>
        </tr>
        <!--第2行-->
        <tr>
            <td>HTML 教程</td>
            <td>CSS 教程</td>
        </tr>
        <!--第3行-->
        <tr>
            <td>jQuery 教程</td>
            <td>SEO 教程</td>
        </tr>
    </table>
</body>
</html>
```

在浏览器预览效果如图 6-11。

分析:

对于单元格“<td>绿叶学习网精品教程</td>”，如果我们没有加上 colspan="2"，在浏览器预览效果就变成下面那样，如图 6-12。

图 6-11 表格合并列　　图 6-12 没有合并列的表格

大家仔细琢磨代码中，合并行是怎么实现的。

当内容不能完全放于一个单元格内时，表格合并行和表格合并列显得非常有用。通过跨越许多单元格，不需要改变表格就能将更多的文字放入单元格。

6.7 本章总结

1. 表格语义记忆

表格基本标签

标签	语义	说明
table	table（表格）	表格
tr	table row（表格行）	行
td	table data cell（表格单元格）	单元格

表格结构标签

标签	语义	说明
thead	table head	表头
tbody	table body	表身
tfoot	table foot	表脚
th	table header	表头单元格

2. 表格基本结构

<table>、<tr>和<td>是HTML表格最基本的三个标签，标题标签<caption>、表头单元格<th>可以没有，但是这三者必须要有。

语法：

```
<table>
    <tr>
        <td>单元格1</td>
        <td>单元格2</td>
    </tr>
    <tr>
        <td>单元格1</td>
```

单元格1	单元格2
单元格1	单元格2

```
        <td> 单元格 2</td>
    </tr>
</table>
```

说明：

<table> 和 **</table>** 标记着表格的开始和结束，**<tr>** 和 **</tr>** 标记着行的开始和结束，在表格中包含几组 **<tr></tr>** 就表示该表格为几行。**<td>** 和 **</td>** 标记着单元格的开始和结束。

3. 表格完整结构

表格完整结构应该包括表格标题（caption）、表头（thead）、表身（tbody）和表脚（tfoot）四部分。

表格语义化之后，使得代码更清晰和更利于后期维护。

语法：

```
<table>
      <caption> 表格标题 </caption>
      <!-- 表头 -->
      <thead>
          <tr>
              <th> 表头单元格 1</th>
      <th> 表头单元格 2</th>
          </tr>
      </thead>
      <!-- 表身 -->
      <tbody>
          <tr>
              <td> 标准单元格 1</td>
              <td> 标准单元格 2</td>
          </tr>
          <tr>
              <td> 标准单元格 1</td>
              <td> 标准单元格 2</td>
          </tr>
      </tbody>
      <!-- 表脚 -->
```

表格标题

表头单元格1	**表头单元格2**
标准单元格1	标准单元格2
标准单元格1	标准单元格2
标准单元格1	标准单元格2

```
        <tfoot>
            <tr>
                <td>标准单元格 1</td>
                <td>标准单元格 2</td>
            </tr>
        </tfoot>
</table>
```

说明：

thead、tbody 和 tfoot 这三个标签分别表示表头、表身、表脚。th 表示表头单元格，td 表示表身单元格。每一对“<tr></tr>”表示一行。

4. 合并行和合并列

合并行使用 td 标签的 rowspan 属性，而合并列则用到 td 标签的 colspan 属性。

（1）合并行

语法：

```
<td rowspan="跨度的行数">
```

（2）合并列

语法：

```
<td colspan="跨度的列数">
```

6.8 训练题

制作如下一个表格，要求用到这一章中的各种表格标签，包括表格语义化标签。

表格结构

标签	说明
table	表格
caption	标题
thead	表头（语义划分）
tbody	表身（语义划分）
tfoot	表尾（语义划分）
tr	行
th	表头单元格
td	表格单元格

第 7 章

图像

7.1 图像标签

任何网页都少不了图片，一个图文并茂的网页，会使得用户体验性更好。网站要获得更多的流量，也需要从“图文并茂”这个角度挖掘一下。

在 HTML 中，图像使用 <img/> 标签。img，即“image”（图像）。对于 img 标签，我们只需要掌握它的三个属性即可：src、alt 和 title。

img 标签常用属性

属性	说明
src	图像的文件地址
alt	图片显示不出来时的提示文字
title	鼠标移到图片上的提示文字

src 和 alt 这两个属性是 img 标签必不可少的属性。title 属性的值往往都是跟 alt 属性的值相同。

7.1.1 img 标签 src 属性

src，即“source”（源文件）。img 标签的 src 属性用于指定图像源文件所在的路径，它是图像必不可少的属性。

语法：

```
<img src=" 图像文件的路径 "/>
```

说明：

img 标签是一个自闭合标签，没有结束标签。src 属性用于设置图像文件所在的路径，这一路径可以是相对路径，也可以是绝对路径。（在下一节我们会详细讲解相对路径和绝对路径）。

举例：

```
<!DOCTYPE html>
<html xmlns="http://www.w3.org/1999/xhtml">
```

```
<head>
    <title>图像标签</title>
</head>
<body>
    <img src="images/haizeiwang.png">
</body>
</html>
```

在浏览器预览效果如下：

图 7-1 图片标签

分析：

可能我们现在会对图片的路径 src 比较疑惑，不知道怎么写，没关系，请阅读下一节“相对路径和绝对路径”。

7.1.2 img 标签 alt 属性

alt 属性用于设置图片的描述信息，这些信息是给搜索引擎看的。在搜索引擎优化（SEO）中，alt 属性也是一个非常重要的属性。大家可以关注绿叶学习网的 SEO 入门教程，在这里大家无需深入了解 alt 属性。

7.1.3 img 标签 title 属性

title 属性用于设置鼠标移到图片上的提示文字，这些提示文字是给用户看的。

语法：

```
<img src="图片地址" alt="图片描述(给搜索引擎看)" title="图片描述(给用户看)"/>
```

举例：

```
<!DOCTYPE html>
<html xmlns="http://www.w3.org/1999/xhtml">
<head>
```

```
        <title>图像标签 img</title>
</head>
<body>
        <img src=" images/haizeiwang.png" alt="海贼王路飞" title="海贼王路飞"/>
</body>
```

在浏览器预览效果如图 7-2。

分析：

title 属性的值往往都是跟 alt 属性的值相同，一个是给读者用户看，一个是给搜索引擎看。

图 7-2 图片标签的 title 属性和 alt 属性

7.2 相对路径和绝对路径

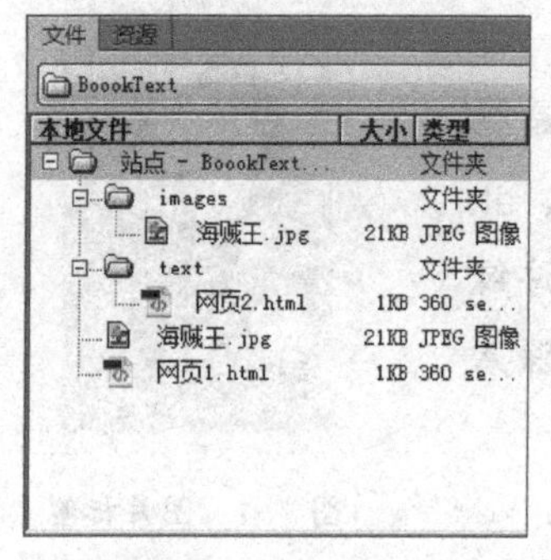

图 7-3 网站目录（1）

相对路径和绝对路径，往往都是初学者最困惑的知识点之一。在这一节，我们和大家详细地探讨一下这两者的具体写法以及区别所在。

我们在 C 盘目录下建立一个网站，网站名称为“BookTest”，这个网站下的目录内容如图 7-3。

我们都知道 img 标签语法如下：

```
<img src="图像源文件路径" alt="图片无法显示时的提示文字" title="鼠标经过图片时的提示文字"/>
```

在 img 标签中，要想正确在浏览器显示图像，我们必须给出图像的准确路径，即 img 标签的 src 属性。在接下来，我们用“网页 1”和“网页 2”分别去引用 images 文件夹下的海贼王图片，从而从多方面来认识相对路径和绝对路径的区别。

7.2.1 “网页 1”引用海贼王图片

如果在“网页 1”引用海贼王这张图片，则图片路径有两种写法。

写法一：<img src="images/ 海贼王 .jpg" alt=" 海贼王 " />

写法二：<img src="c:/BookTest/images/ 海贼王 .jpg" alt=" 海贼王 "/>

以上两种方法都能达到效果。为什么呢？这就是相对路径和绝对路径的问题。

1. 相对路径

写法一采用了“相对路径”方法，所谓的相对路径，就是在同一个网站下，不同文件之间的位置定位。我们来分析一下，“网页 1”和 images 文件夹位于网站 BookTest 根目录下，而海贼王图片则位于 images 文件夹下，那么 src 应该是“images/ 海贼王 .jpg”。

有同学就会问，那在图 7-4 中，“网页 1”如果要引用海贼王图片的相对路径怎么写呢？

答案应该是：<img src=" 海贼王 .jpg" alt=" 海贼王 "/>。这个时候是因为网页 1 与海贼王图片位于同一目录下。

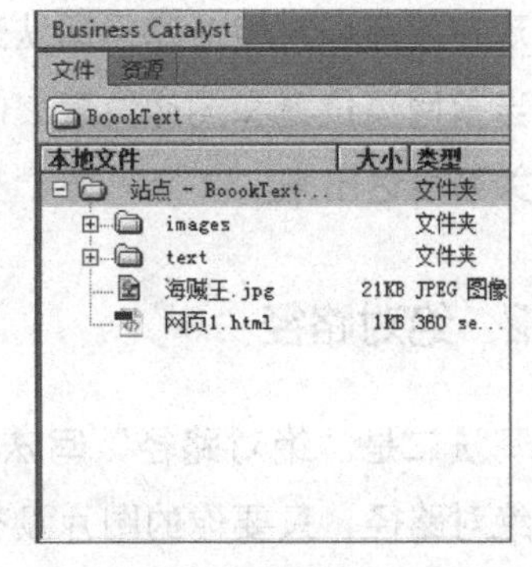

图 7-4 网站目录（2）

2. 绝对路径

对于写法二，采用的是“绝对路径”方法，所谓的绝对路径就是完整的路径。

7.2.2 “网页 2”引用海贼王图片

我们再回到目录，在图 7-5 中，如果在“网页 2”引用海贼王这张图片，图片路径也有两种写法。

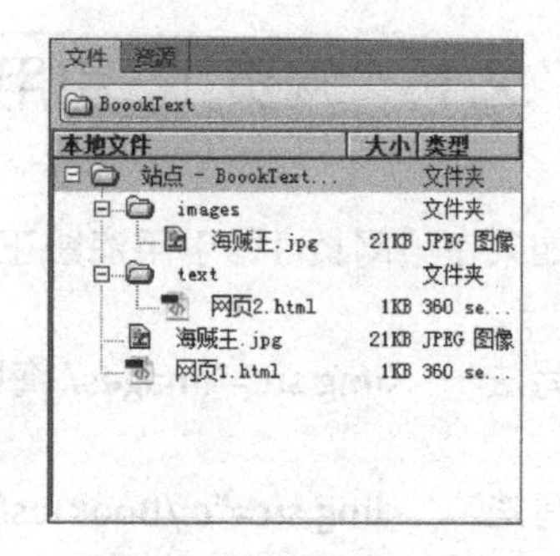

图 7-5 网站目录（3）

写法一：<img src="../images/ 海贼王 .jpg" alt=" 海贼王 "/>

写法二：<img src="c:/BookTest/images/ 海贼王 .jpg" alt=" 海贼王 "/>

1. 相对路径

同样，写法一是相对路径的写法，而写法二是绝对路径的写法。我们分析一下，“网页 2” 位于 test 文件夹下，而海贼王图片位于 images 文件夹下。因此，相对于 “网页 2”，海贼王图片位于 “网页 2” 上一级目录下的 images 文件夹下。因此，src 的写法为 “../images/ 海贼王 .jpg” alt=” 海贼王”。其中 “../” 表示上一级目录，大家要懂得这种写法。

现在就可以对相对路径写法进行总结了。相对路径的写法首先就是要分析当前网页位置和图像位置之间的关系，然后用一种方式把它们之间的相对关系表达出来。

2. 绝对路径

写法二是 “绝对路径” 写法，跟 “网页 1” 引用海贼王图片的写法一样。绝对路径，只要你的图片没有移动到别的地方，所有网页引用该图片的路径写法都是一样的。大家稍微想一下就懂了。

【疑问】

1. 为什么我使用绝对路径时，图片不能显示出来？

当我们使用绝对路径时，编辑器往往都不能把图片的路径解析出来，因此图片无法在网页中显示出来。在真正的网站开发中，对于图片或者引用文件的路径，我们 100% 都是使用相对路径的。因此，大家不必纠结绝对路径问题，只需要掌握相对路径的写法即可。

2. 对于图片或文件，可以使用中文名吗?

不建议使用中文，因为很多服务器是英文操作系统，不能对中文文件名提供很好的支持。所以不管是图片还是文件夹，我们都建议使用英文名字。上面例子我们用中文名字，只是方便大家理解罢了。

7.3 图片格式

网页图片格式分为两种：一种是位图，另一种是矢量图。

7.3.1 位图

1. 位图简介

位图，又称为点阵图像，是由像素（图片元素）的单个点组成的。

通常位图又分为 8 位、16 位、24 位和 32 位。

所谓 8 位图并不是图像只有 8 种颜色，而是 2^8（即 256）种颜色，8 位图指的是用 8 个 bits 来表示颜色。从人眼的感觉来说，16 位色基本能满足需要了。

24 位色又称为“真彩色”。2^{24}，大概是 1600 万种颜色之多，这个数字差不多是人眼可以分辨颜色的极限了。

32 位色并不是 2^{32} 的发色数，其实也是 2^{24} 种颜色，不过它增加了 2^8 阶颜色的灰度，也就是8位透明度，因此就规定它为32位色。

在制作页面的时候，设计者一般选择24位图像。32位图像虽然质量好，但同时也带来更大的图像容量。如果一个页面使用体积过大的图像，会使得浏览器加载页面速度变慢。事实上，一般肉眼也很难分辨24位图和32位图的区别。

放大原始位图，图像效果会失真，缩小原始位图，同样会使图像效果失真，这是因为缩小图像，减少的是图像中像素的数量。

2. 位图格式

位图有三种格式：.JPG、.PNG和.GIF。

（1）JPG格式

JPG可以很好地处理大面积色调的图像，如相片、网页中一般的图片。

（2）PNG格式

PNG支持透明信息。所谓透明，即图像可以浮现在其他页面文件或页面图像之上。可以说PNG是专门为Web创造的图像，通常大部分页面设计者在页面中加入logo或者是一些点缀的小图像时，都会选择使用PNG格式。

由于JPG格式容量较大，在保证图片清晰、逼真的前提下，网页中不可能大范围使用文件较大的JPG格式图片。PNG格式图片体积小，而且无损压缩，能保证网页的打开速度，所以PNG格式图片是很好的选择。

由于PNG优秀的特点，PNG格式可以称为“网页设计专用格式”。

举例：JPG格式图片与PNG格式图片的区别

我们在同一个网页中放入同样的JPG图片与PNG图片。为了明显区分，我们为每个图片加了一个边框，效果如图 7-6。

图 7-6 JPG 图片和 PNG 图片

（3）GIF 格式

GIF 只支持 256 色以内的图像。所以，GIF 格式的图片效果是很差的。但是，GIF 有一个最大的特点，就是可以制作动画，图像作者利用图像处理软件，将静态的 GIF 图像设置为单帧画面，然后把这些单帧画面连在一起，设置好一个画面到下一个画面的间隔时间，最后保存为 GIF 格式就可以了。可以说，这就是简单的逐帧动画。目前这种格式的动画在互联网上广为流行。

当处理色调复杂、绚丽的图像时，如照片、图画等，使用使用 JPG 格式；而处理一些 logo、banner、简单线条构图的时候，适合使用 PNG 格式；GIF 格式通常只适合表达动画效果。

3. 位图绘制工具

① Adobe Photoshop 软件

② Windows 系统的画图

7.3.2 矢量图

1. 矢量图格式

矢量图，又称为“向量图”。矢量图是计算机图形学中用点、直线或者多边形等基于数学方程的几何图元表示的图像。

矢量图是以一种数学描述的方式来记录图像内容的图像格式。如一个方程 y=kx，当这个小方程体现在坐标系上的时候，设置不同的参数可以绘制不同角度的直线，这就是矢量图的构图原理。

矢量图最大的优点是，无论放大、缩小或旋转等，图像都不会失真；最大的缺点是难以表现色彩层次丰富的逼真图像效果（图片效果差）。

图 7-7　动画矢量图

在网页中，比较少用到矢量图，一般在网页 logo 和矢量插图中我们才有可能用到矢量图。矢量图主要用于印刷行业，因为矢量图放大并不会失真，这样在印刷时就不会出现毛边或者模糊的情况，这一点是 Photoshop 都比不上的。随着 3D 和 Flash 发展，我们主要利用矢量图来造型，然后导入到 3D MAX 或者在 Flash 动画中使用。

图 7-8　风景矢量图

图 7-9　人物矢量图

2. 矢量图格式

矢量图的后缀一般有“.ai”、“.cdf”、“.fh”和“.swf”。“.ai”后缀的文件是一种静帧的矢量文件格式；".cdf"后缀的文件多为工程图；而".swf"格式文件其实指的是 Flash，Flash 也是页面中最常见的一种动画。

3. 矢量图绘制工具

① Adobe Illustrator

② CorelDRAW

7.3.3 位图与矢量图区别

① 位图受分辨率的影响，而矢量图不受分辨率影响。因此，当图片放大时，位图清晰度会变低，而矢量图清晰度不变。

② 位图的组成单位是"像素"，而矢量图的组成单位是"数学向量"。

③ 位图适用于色彩丰富的图片，而矢量图却不适用于色彩丰富的图片；

④ 位图常用于网页中的照片等，容量较大；矢量图常用于印刷行业、网页 logo 或矢量插图。

【疑问】

1. 如果我从事网站开发，对于图像处理知识要掌握到什么程度呢？

一个真正的前端工程师，都得掌握基本的图片处理技术，不过不必太过于深入，只需要掌握基本的 PS 技术（如切图、图片压缩、格式转换、基本操作等）即可。

在这里得说一句，尽量多学吧。真正的"大牛"都是尽量多学，而那些急于求成的人才会尽量少学，能不学就不学，看看你是否有这种心态？

2. 现在的前端开发，还需要学习切图吗？

在早期 Web1.0 时代的网页制作中，切图是非常形象的说法，就是用 PS 把设计图切成一块一块，然后再用 Dreamweaver 拼在一起，从而合成一个网页。到了 Web2.0 时代，我们依旧有切图一说，只不过这种切图不再是以前那种方式，而是一种思路。看到设计图，我们应该分析页面的“切块”，哪些用 CSS 实现，哪些用 PNG 图片，哪些用 CSS spirit 等。

在 Web2.0 时代，我们依然需要掌握切图，仍旧需要掌握 PS 的一些基本操作。不过我们在开发网页的时候就不应该使用 Web1.0 时代的“拼图”方式了。

7.4 本章总结

1. 图像标签

在 HTML 中，图像标签为 <img/>。<img/> 是一个自闭合标签。img 标签只需要掌握三个属性就可以了：src、alt 和 title。

语法：

```
<img src=" 图片地址 " alt=" 图片描述（给搜索引擎看）" title=" 图片描述（给用户看）"/>
```

img 标签常用属性

属性	说明
src	图像的文件地址
alt	图片显示不出来时的提示文字
title	鼠标移到图片上的提示文字

src 和 alt 这两个属性是 img 标签必不可少的属性，而 title 属性可有可无。

2. 图像标签

相对路径，指的是同一个网站下，不同文件之间的位置定位。引用的文件位置是相对当前文件的位置而言，从而得到相对路径。

绝对路径，指的是文件的完整路径。

3. 图像格式

图像格式知识比较多，不过对于大部分内容，我们了解就可以了，我们只需要掌握 JPG、PNG 和 GIF 三种图片格式的区别即可。

（1）JPG 可以很好处理大面积色调的图像，如相片、网页中一般的图片。

（2）PNG 格式图片体积小，而且无损压缩，能保证网页的打开速度。最重要的是 .PNG 格式图片支持透明信息。PNG 格式可以称为“网页设计专用格式”。

（3）GIF 格式图像效果很差，但是可以制作动画。

第 8 章

超链接

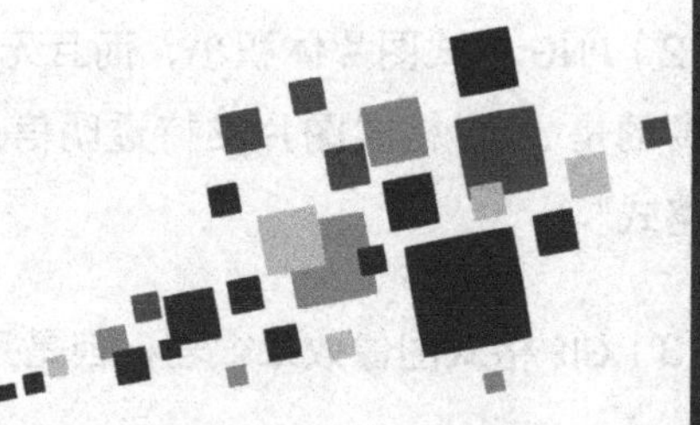

8.1 超链接简介

超链接，可以说是网页中最常见的元素，随处可见。例如绿叶学习网的导航和图片列表都是超链接形式。只要我们点击一下它们，就会跳转到其他页面。

图 8-1　绿叶学习网的文字超链接

超链接，英文名是 hyperlink。每个网站都是由众多的网页组成，网页之间通常都是通过链接方式相互关联的。超链接能够让浏览者在各个独立的页面之间方便地跳转。

图 8-2　绿叶学习网的图片超链接

超链接的范围很广，可以将文档中的任何文字及任意位置的图片设置为超链接。超链接有外部链接、内部链接、电子邮件链接、锚点链接、空连接、脚本链接等。

8.2 a 标签

8.2.1 a 标签简介

在 HTML 中，超链接使用 a 标签来表示。a 标签是非常常见而简单的标签。

语法：

```
<a href=" 链接地址 "> 超链接文字 </a>
```

说明：

href 属性表示链接地址，也就是点击超链接之后跳转到的地址。

举例：

```
<!DOCTYPE html>
<html xmlns="http://www.w3.org/1999/xhtml">
<head>
    <title> 超链接 a 标签 </title>
</head>
<body>
    <a  href="http://www.baidu.com"> 百度一下 </a>
</body>
</html>
```

在浏览器预览效果如图 8-3。

分析：

点击“百度一下”这个超链接，就会跳转到百度首页。

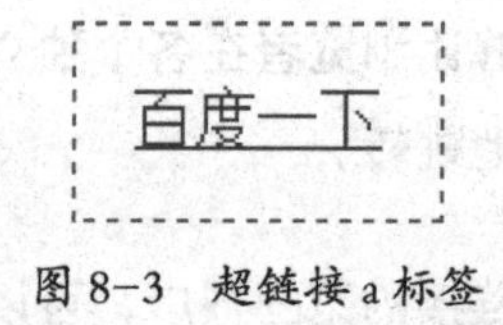

图 8-3　超链接 a 标签

8.2.2　a 标签 target 属性

在超链接属性中，我们只需要掌握 target 属性就可以了。

在创建网页中，默认情况下超链接在原来的浏览器窗口打开，但是我们可以使用 target 属性来控制目标窗口的打开方式。

语法：

```
<a href=" 链接地址 " target=" 目标窗口的打开方式 "> 超链接文字 </a>
```

说明：

a 标签的 target 属性取值有 4 个。

a 标签 target 属性取值	
属性值	语义
_self	默认方式，即在当前窗口打开链接
_blank	在一个全新的空白窗口中打开链接
_top	在顶层框架中打开链接
_parent	在当前框架的上一层里打开链接

一般情况下，target 只用到“_self”和“_blank”这两个属性值，其他两个属性值我们不需要深究。

举例：

```
<!DOCTYPE html>
<html xmlns="http://www.w3.org/1999/xhtml">
<head>
    <title> a 标签 target 属性 </title>
</head>
<body>
    <a  href="http://www.baidu.com" target="_blank"> 百度一下 </a>
</body>
</html>
```

在浏览器预览效果如图 8-4。

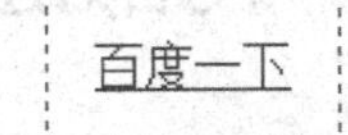

图 8-4 超链接 target 属性

分析：

这个例子跟上一个例子在浏览器预览效果上看不出什么区别。但是当我们点击一下超链接，就知道区别了，它们的窗口打开方式是不一样的。

注意，“_blank”属性是以下划线“_”开头的，大家不要忽略了这一点。

8.2.3 各种超链接

我们之前说过，超链接有很多种，常见的有文字超链接、图片超链接。

举例：

```
<!DOCTYPE html>
<html xmlns="http://www.w3.org/1999/xhtml">
<head>
    <title>各种超链接</title>
</head>
<body>
     <a href="http://www.baidu.com"><img src="baidu.png" alt=""/></
a><br/>
    <a href="http://www.baidu.com">百度一下</a>
</body>
</html>
```

在浏览器预览效果如图 8-5。

图 8-5 各种超链接

分析：

无论是实现文字超链接，还是图片超链接，我们都是把文字或图片放到 <a></a> 标签对内部。

8.3 内部链接

超链接有两种链接方式：内部链接和外部链接。这一节我们先来学习内部链接。

内部链接指的是超链接的链接对象是在同一个网站中的资源。与自身网站页面有关的链接被称为内部链接。

在8.2节“a标签”中我们使用的就是外部链接，这个超链接的链接对象是外部网站。而内部链接的链接对象是网站的其他页面或当期页面。

我们建立一个网站站点 WebStie2，目录如图 8-6。

图 8-6 网站目录

如果我们想要在网页 1 中点击超链接就跳转到网页 2 或者网页 3，这就是“内部链接”，因为这三个页面都是在同一个网站根目录下。内部链接的链接对象是在同一个网站的。

我们按照上图建立三个页面，代码如下。

网页 1 代码：

```
<!DOCTYPE html>
<html xmlns="http://www.w3.org/1999/xhtml">
<head>
      <title>超链接之内部链接</title>
</head>
<body>
      <a  href="网页2.aspx">跳转到网页2</a>
      <a  href="test/网页3.aspx">跳转到网页3</a>
</body>
</html>
```

网页 2 代码：

```
<!DOCTYPE html>
<html xmlns="http://www.w3.org/1999/xhtml">
<head>
      <title>超链接之内部链接</title>
</head>
<body>
      <p><strong>这是网页2</strong></p>
</body>
</html>
```

网页 3 代码：

```
<!DOCTYPE html>
<html xmlns="http://www.w3.org/1999/xhtml">
<head>
      <title>超链接之内部链接</title>
</head>
<body>
      <p><strong>这是网页3</strong></p>
</body>
</html>
```

大家在编辑器中实践一下，就知道内部链接具体是怎么样的了。在内部链接中，链接地址使用的都是相对路径。具体可以参考7.2节“相对路径和绝对路径”。

8.4 锚点链接

在HTML中，锚点链接是一种内部链接，它的链接对象是当前页面的某个部分。

有些网页内容比较多，导致页面过长，访问者需要不停地拖动浏览器上的滚动条来查看文档中的内容。为了方便用户查看文档中的内容，在文档中需要建立锚点链接。

所谓的锚点链接，就是点击某一个超链接，它就会跳到“当前页面”的某一部分。

举例：

```
<!DOCTYPE html>
<html xmlns="http://www.w3.org/1999/xhtml">
<head>
    <title>锚点链接</title>
</head>
<body>
    <div>
        <a href="#music">推荐音乐</a><br />
        <a href="#movie">推荐电影</a><br />
        <a href="#article">推荐文章</a><br />
    </div>
    ……<br />
    ……<br />
    ……<br />
    ……<br />
    ……<br />
    ……<br />
```

```
        <div id="music">
            <h3>推荐音乐</h3>
            <ul>
                <li>林俊杰 - 被风吹过的下图</li>
                <li>曲婉婷 - 在我的歌声里</li>
                <li>许嵩 - 灰色头像</li>
            </ul>
        </div>
        ……<br />
        ……<br />
        ……<br />
        ……<br />
        ……<br />
        ……<br />
        <div id="movie">
            <h3>推荐电影</h3>
            <ul>
                <li>蜘蛛侠系列</li>
                <li>钢铁侠系统</li>
                <li>复仇者联盟</li>
            </ul>
        </div>
        ……<br />
        ……<br />
        ……<br />
        ……<br />
        ……<br />
        ……<br />
        <div id="article">
            <h3>推荐文章</h3>
            <ul>
                <li>朱自清 - 荷塘月色</li>
                <li>余光中 - 乡愁</li>
                <li>鲁迅 - 阿Q正传</li>
            </ul>
        </div>
</body>
</html>
```

在浏览器预览效果如图8-7。

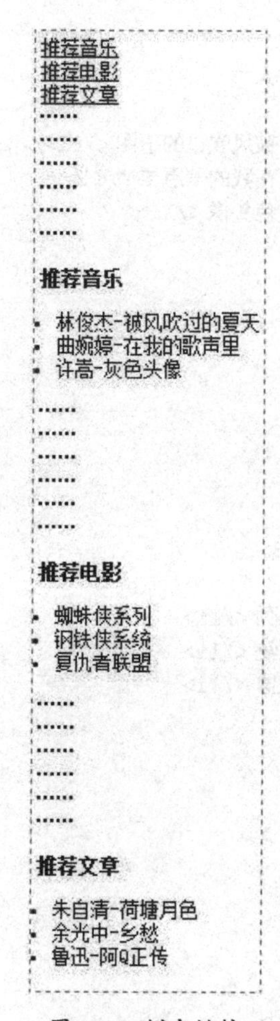

图 8-7 锚点链接

分析：

在这个例子中，只要我们点击“推荐音乐”、“推荐电影”和“推荐文章”这三个超链接，滚动条就会滚动到相应的版块。

大家仔细观察上面的代码就知道，锚点链接要定义两部分：目标锚点的 id 和超链接部分。

id 也就是元素的名称，跟 name 属性一样。区别在于 name 是 HTML 中的标准，而 id 是 XHTML 中的标准。在 Web2.0 的网页中的元素极少使用 name 属性（除了表单元素）。而是使用 id 属性。在同一个页面中，id 是唯一的，也就是一个页面不允许出现相同的 id。

8.5 本章总结

1. 在 HTML 中，超链接使用 a 标签，语法如下：

```
<a href=" 链接地址 " target=" 目标窗口的打开方式 ">
```

2. a 标签 target 属性取值如下。

a 标签 target 属性取值

属性值	说明
_self	默认方式，即在当前窗口打开链接
_blank	在一个全新的空白窗口中打开链接
_top	在顶层框架中打开链接
_parent	在当前框架的上一层里打开链接

我们只需要掌握“_self”和“_blank”这两个属性值就可以了，其他两个用不到。

3. 超链接根据链接对象的不同分为：

（1）外部链接；

（2）内部链接：①内部页面链接；②锚点链接。

第 9 章

表单

9.1 表单简介

在接触表单这一章之前，我们学习了各种标签。但是用之前所学的标签做出来的页面，都是静态页面。在第 1 章中我们详细探讨了什么叫静态网页和动态网页。简单来说，对于一个网页，只限用户浏览的，那就是静态网页。如果用户能实现与服务器交互，如登录注册、评论交流、问卷调查这些动作的，就是动态页面。

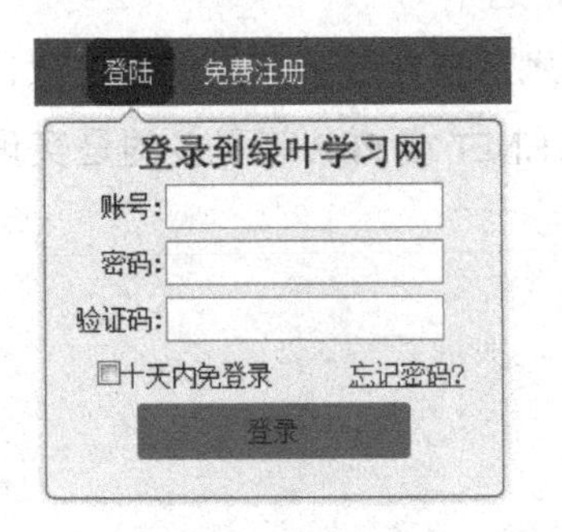

图 9-1 登录注册

图 9-2 花费充值

图 9-3 评论系统

以上三张图都是我们常见的表单，而那些文本框、按钮、下拉菜单等就是我们常见的表单元素。

表单，这是我们接触动态页面的第一步。表单最重要的作用就是在客户端收集用户的信息，然后将数据递交给服务器来处理。例如你可以在网上看到大量的问卷调查。

这些问卷调查就是用表单来实现的。在此，很多人就会有疑问，我用表单制作了一个问卷调查，怎么收集这些结果并且在服务器统计呢？大家不用着急，我们在 HTML 学习中要做的仅仅就是把类似问卷调查、登录注册这些表单的“页面效果”做出来，至于怎么在服务器统计这些信息，那就不是 HTML 的范畴了，因为这个属于神秘的后端技术。这个等大家学习了 ASP.NET 或 PHP 等后端技术后自然就会了解的。注意，学习 HTML 主要是实现客户端的效果，而 ASP.NET 或 PHP 等更多的是实现服务器端的逻辑功能。

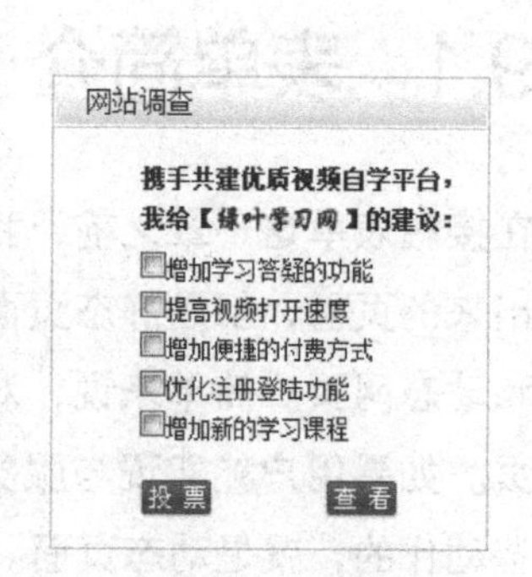

图 9-4 问卷调查

9.2 form 标签

9.2.1 form 标签简介

在 HTML 表格中，我们知道表格的行、列和单元格都放在 <table></table> 标签中。而创建一个表单看上去就像创建一个表格。如果要创建一个表单，我们就要把各种表单标签放在 <form></form> 标签内部。

记住，我们常说的“表单”，指的是文本框、按钮、下拉列表等的统称。

语法：

```
<form> 表单各种标签 </form>
```

举例：

```
<!DOCTYPE html>
<html xmlns="http://www.w3.org/1999/xhtml">
<head>
```

```
        <title> 表单 form 标签 </title>
</head>
<body>
        <form>
            <input type="text" value=" 这是一个文本框 "/><br/>
            <textarea></textarea><br/>
            <select>
                <option>HTML</option>
                <option>CSS</option>
                <option>JavaScript</option>
            </select>
        </form>
</body>
</html>
```

在浏览器预览效果如图 9-5。

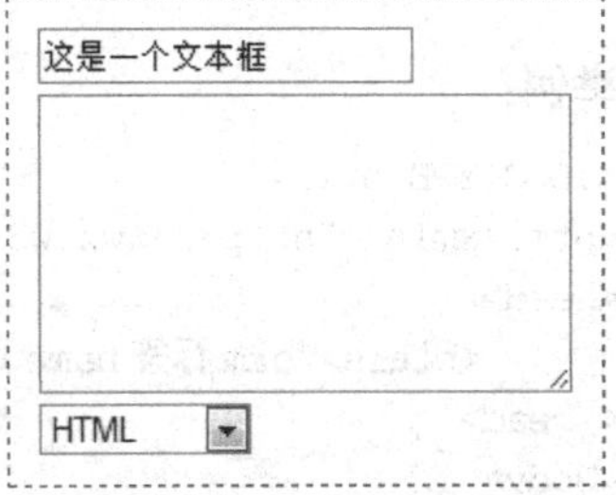

图 9-5　表单 form 标签

分析：

input、textarea、select、option 这些都是表单标签（我们会在后面介绍），对于这些表单标签，我们都是放在 <form></form> 标签内部。

9.2.2　form 标签属性

form 标签一共有 5 个重要的属性，分别是 name、action、method、enctype 和 target 属性。form 标签的这几个属性，就像 head 标签中的几个内部标签一样，缺乏操作性而且比较抽象。对于刚刚学习 HTML 的初学者来说，可能不太容易理解。不过没关系，我们暂时只需要了解一下即可。在我们学习了后端技术 ASP.NET 或 PHP 之后，才会真正地理解它们。

1. 表单名称 name 属性

一个页面中，你的表单可能不止一个，为了区分这些表单，我们使用 name 属性来给表单进行命名。这样也是为了防止在表单提交之后，在后台程序中出现混乱。

语法:

```
<form name=" 表单名称 ">
……
</form>
```

说明:

表单名称中不能包含特殊字符和空格。

举例:

```
<!DOCTYPE html>
<html xmlns="http://www.w3.org/1999/xhtml">
<head>
      <title>form 标签 name 属性 </title>
</head>
<body>
      <form name="myForm">
      </form>
</body>
</html>
```

分析:

name="myForm" 表示表单的名称是 myForm。

2. 提交表单 action 属性

在 form 标签中，action 属性用于指定表单数据提交到哪个地址进行处理。

语法:

```
<form  action=" 表单的处理程序 ">
……
</form>
```

说明:

表单的处理程序是表单要提交的地址，这个程序地址用来处理从表单搜集的信息。这个地址可以是相对地址，也可以是绝对地址，还可以是一些其他形式的地址。

举例：

```
<!DOCTYPE html>
<html xmlns="http://www.w3.org/1999/xhtml">
<head>
    <title>提交表单action属性</title>
</head>
<body>
    <p>如果您对绿叶学习网有任何意见和建议，请发邮件给我们。</p>
     <form  name="myForm"  action="mailto:lvyestudy@foxmail.com"></
form>
</body>
</html>
```

分析：

"mailto:lvyestudy@foxmail.com"是程序提交地址，表示使用邮件形式。

3. 传送方法method属性

在form标签中，method属性的作用是告诉浏览器，指定将表单中的数据使用哪一种HTTP提交方法，取值为get或post。

method属性取值	
属性值	说明
get	默认值，表单数据被传送到action属性指定的URL，然后这个新URL被送到处理程序上
post	表单数据被包含在表单主体中，然后被传送到处理程序上

这两种方式的区别在于，get在安全性上较差，所有的表单域的值都直接显示出来了。而post除了可见的脚本处理程序之外，其他的信息都可以隐藏。所以在实际的开发当中，通常都选择post这种处理方式。

语法：

```
<form  method="传送方法">
……
</form>
```

举例：

```
<!DOCTYPE html>
<html xmlns="http://www.w3.org/1999/xhtml">
<head>
    <title>传送方法method属性</title>
</head>
<body>
    <p>如果您对绿叶学习网有任何意见和建议，请发邮件给我们。</p>
     <form  name="myForm"  action="mailto:lvyestudy@foxmail.com"
method="post"></form>
</body>
</html>
```

4. 目标显示方式 target 属性

form 标签的 target 属性跟 a 标签的 target 属性一样，都是用来指定目标窗口的打开方式。具体用法可以参考 8.2 节“a 标签”中的 target 属性。

target 属性取值

属性值	说明
_self	默认值，表示在当前的窗口打开页面
_blank	表示在新的窗口打开页面
_parent	表示在父级窗口中打开页面
_top	表示页面载入到包含该链接的窗口，取代当前在窗口中的所有页面

target 的这 4 个属性值都是以下划线“_”开头的，书写的时候很容易遗漏。

一般情况下，target 采用默认属性值（即“_self”）和“_blank”这两种方式，跟 a 标签的 target 属性类似，其他两种用得比较少。

语法：

```
<form  target=" 目标显示方式 ">
……
</form>
```

举例：

```
<!DOCTYPE html>
<html xmlns="http://www.w3.org/1999/xhtml">
<head>
    <title> 目标显示方式 target 属性 </title>
</head>
<body>
    <p> 如果您对绿叶学习网有任何意见和建议，请发邮件给我们。</p>
      <form  name="myForm"  action="mailto:lvyestudy@foxmail.com"
method="post" target="_blank"></form>
</body>
</html>
```

5. 编码方式 enctype

在 form 标签中，enctype 属性用于设置表单信息提交的编码方式。

enctype 属性取值

属性值	说明
application/x-www-form-urlencoded	默认的编码方式
multipart/form-data	MIME 编码，对于“上传文件”这种表单必须选择该值

一般情况下，采用默认值就行了，即 enctype 属性不需要设置。除非该 form 标签中使用了上传文件表单。

举例：

```
<!DOCTYPE html>
<html xmlns="http://www.w3.org/1999/xhtml">
<head>
    <title> 编码方式 enctype</title>
</head>
<body>
```

```
    <p>如果您对绿叶学习网有任何意见和建议，请发邮件给我们。</p>
    <form  name="myForm"  action="mailto:lvyestudy@foxmail.com"
method="post" target="_blank" enctype="application/x-www-form-
urlencoded"></form>
</body>
</html>
```

9.2.3 表单对象

所谓的表单对象，简单来说，就是放在 <form></form> 标签内的各种标签。最常见的文本框、下拉列表等都是表单对象。表单对象有四种：input、textarea、select 和 option。

在接下来的章节中，我们将逐一详细介绍各种表单。但是请记住，表单标签就只有四个：<input>、<textarea>、<select> 和 <option>，其中 <select> 和 <option> 是配合使用的，就像 <ol> 和 <li> 配合使用一样。理解这一点，有利于大家理清学习思路。

9.3 input 标签简介

我们先看一个用户注册信息的表单。

这个表单已经把 HTML 的 4 种表单标签（input、textarea、select 和 option）全部都用上了，其中大部分都是用 input 标签来实现的。

在表单这一章，我们最基本的要求就是要把这样的表单做出来。我们先来对 input 标签进行简单的介绍。

图 9-6 用户注册表单

语法：

```
<input type=" 表单类型 "/>
```

说明：

input 标签是自闭合标签，因为它没有结束标签。

type属性值	说明	浏览器效果（参考效果）
text	单行文本框	admin
password	密码文本框	•••••
button	按钮	注册
reset	重置按钮	重置
image	图像形式的提交按钮	CLICK HERE
radio	单选按钮	性别：◉男 ○女
checkbox	复选框	兴趣：☑旅游 ☐摄影 ☑运动
hidden	隐藏字段	
file	文件上传	上传个人照片：选择文件 未选择文件

在接下来的几节中，我们仅仅用到 input 标签，这些表单的不同在于 type 属性值的不同。

9.4 单行文本框 text

9.4.1 文本框 text 简介

单行文本框比较常见，我们经常在用户登录注册中用到。

语法：

```
<input type="text"/>
```

举例：

```
<!DOCTYPE html>
<html xmlns="http://www.w3.org/1999/xhtml">
<head>
    <title>单行文本框 text</title>
</head>
<body>
    <form name="myForm" method="post" action="index.html">
        姓名：<input type="text"/>
    </form>
</body>
</html>
```

在浏览器预览效果如图9-7。

姓名：

图9-7 单行文本框

9.4.2 文本框 text 属性

文本框 text 共有以下几个重要的属性。

文本框属性	
属性	说明
value	定义文本框的默认值，也就是文本框内的文字
size	定义文本框的长度，以字符为单位
maxlength	设置文本框中最多可以输入的字符数

对于元素属性的设置，是没有先后顺序。input 还有一个 name 属性，不过一般情况下我们都是使用 id 属性，而很少使用 name 属性。

语法：

```
<input type="text" value="默认文字" size="文本框长度" maxlength="最多输入字符数"/>
```

举例：

```
<!DOCTYPE html>
<html xmlns="http://www.w3.org/1999/xhtml">
<head>
      <title>单行文本框属性</title>
</head>
<body>
      <form name="myForm" method="post" action="index.html">
           姓名：<input type="text" value="" size="15" maxlength=""/><br/>
           年龄：<input type="text" value="18" size="3" maxlength="3"/>
      </form>
</body>
</html>
```

在浏览器预览效果如图 9-8。

姓名：

年龄：18

图 9-8 单行文本框属性

分析：

在以上代码中，对于“年龄”这一个文本框，设置了默认值为 18，并且最多可输入三个字符（没有谁的岁数是四位数的吧）。大家在浏览器的文本框中试着输入，会发现浏览器只限定你最多输入三个数字。

9.5 密码文本框 password

9.5.1 密码文本框简介

密码文本框在外观上跟单行文本框相似，而且也拥有相同的属性。两者所不同的是：单行文本框输入的字符可见，而密码文本框输入的字符不可见。密码文本框这个设置主要是防止用户周围的人看到用户输入的密码。

对于密码文本框，最典型的应用就是我们平常所用到的登录注册了，如图 9-9。

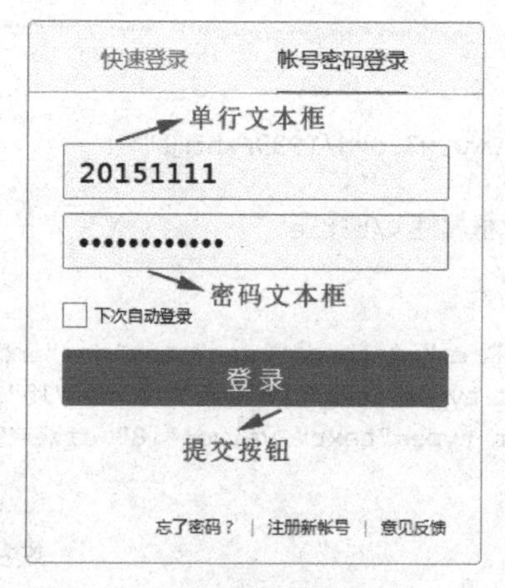

图 9-9 登录注册表单

语法：

```
<input type="password"/>
```

举例：

```
<!DOCTYPE html>
<html xmlns="http://www.w3.org/1999/xhtml">
<head>
    <title>密码文本框</title>
</head>
<body>
    <form name="myForm" method="post" action="index.html">
        账号：<input type="text"/><br/>
        密码：<input type="password"/>
    </form>
</body>
</html>
```

在浏览器预览效果如图 9-10。

账号：

密码：

图 9-10 密码文本框

分析：

密码文本框与普通文本框在外观上是一样的，但是当我们往文本框中输入文本内容时，就会看出两者的区别。

9.5.2 密码文本框属性

密码文本框属性跟单行文本框属性一样。密码文本框同样有以下几个重要属性。

密码文本框 password 属性

属性	说明
value	定义文本框的默认值，也就是文本框内的文字
size	定义文本框的长度，以字符为单位
maxlength	设置文本框中最多可以输入的字符数

对于元素属性的设置，是没有先后顺序的。input 还有一个 name 属性，不过一般情况下我们都是使用 id 属性，而很少使用 name 属性。

语法：

```
<input type="password" value=" 默认文字 " size=" 文本框长度 " maxlength="
最多输入字符数 "/>
```

举例：

```
<!DOCTYPE html>
<html xmlns="http://www.w3.org/1999/xhtml">
<head>
    <title> 密码文本框属性 </title>
</head>
<body>
    <form name="form1" method="post" action="index.html">
        账号：<input type="text" size="15"  maxlength="10"/><br/>
        密码：<input type="password" size="15" maxlength="10"/>
    </form>
</body>
</html>
```

在浏览器预览效果如图 9-11。

账号：
密码：

图 9-11 密码文本框属性

分析：

外观上，跟上一个例子的预览效果差不多，不过文本框的长度和可输入字符数已经改变了。

密码文本框仅仅使周围的人看不见输入的文本，但是它并不能真正保证数据的安全。为了数据安全，需要在浏览器和服务器之间建立一个安全链接。这个不是前端技术能够解决的事情，而是后端技术的范畴了。

9.6 单选按钮 radio

9.6.1 单选按钮简介

在 HTML 中，单选按钮 radio 只能从选项列表中选择一项，选项与选项之间是互斥的。

语法：

```
<input type="radio" name="单选按钮所在的组名" value="单选按钮的取值"/>
```

说明：

name 和 value 是单选按钮必要的两个属性，必须要设置。

举例：

```
<!DOCTYPE html>
<html xmlns="http://www.w3.org/1999/xhtml">
<head>
    <title>单选按钮 radio</title>
</head>
<body>
    <form name="myForm" method="post" action="index.html">
性别：
        <input  type="radio" name="question1" value="boy"/>男
        <input  type="radio" name="question1" value="girl"/>女
    </form>
```

```
</body>
</html>
```

在浏览器预览效果如图 9-12。

分析：

我们会发现，对于这一组单选按钮，我们只能选中其中一个选项，而不能同时选中两个选项。

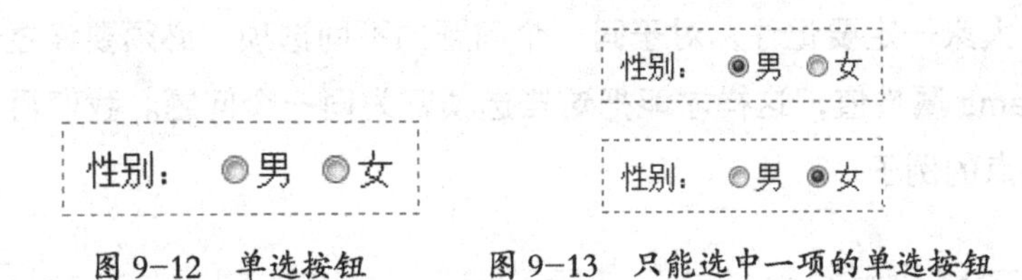

图 9-12　单选按钮　　　　图 9-13　只能选中一项的单选按钮

9.6.2　单选按钮 radio 的忽略点

我们仔细看一下这段代码：

```
<!DOCTYPE html>
<html xmlns="http://www.w3.org/1999/xhtml">
<head>
    <title>单选按钮 radio</title>
</head>
<body>
    <form name="myForm" method="post" action="index.html">
性别：
        <input  type="radio" name="question1" value="boy"/>男
        <input  type="radio" name="question2" value="girl"/>女
    </form>
</body>
</html>
```

在浏览器预览效果如图 9-14。

分析：

我们把第二个单选按钮的 name 属性值改为“question2”，第一个单选按钮的 name 属性值不变，为“question1”。你会看到，对于同一个问题，这两个选项居然可以被同时选中了！这完全不符合我们的预期效果，如图 9-15。

性别： 男 女

图 9-14 单选按钮的忽略点

性别： 男 女

图 9-15 能同时选取两项的单选按钮

因此大家一定要记住，对于同一个问题的不同选项，必须要设置一个相同的 name 属性值，这样才能把这些选项归为同一个问题。我们再来举一个复杂点的例子：

```
<!DOCTYPE html>
<html xmlns="http://www.w3.org/1999/xhtml">
<head>
    <title>单选按钮 radio</title>
</head>
<body>
    <form name="myForm" method="post" action="index.html">
性别:
        <input type="radio" name="Question1" value="boy"/>男
        <input type="radio" name="Question1" value="girl"/>女<br/>
你是:
        <input type="radio" name="Question2" value="90"/>90后
        <input type="radio" name="Question2" value="00"/>00后
        <input  type="radio" name="Question2" value="else"/>其他
    </form>
</body>
</html>
```

在浏览器预览效果如图 9-16。

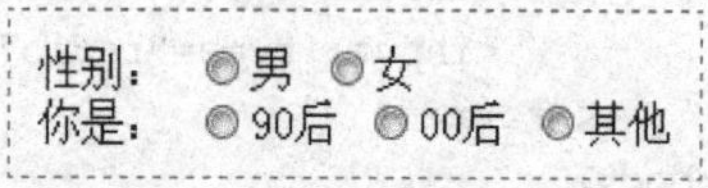

性别： 男 女
你是： 90后 00后 其他

图 9-16 单选按钮忽略点实例

分析：

这里定义了两个单选按钮组，在每一组中，选项之间都是互斥的。也就是说，在同一组单选按钮中，只能选中一个选项。

【疑问】

1. 对于单选按钮 radio，加上 value 属性值跟没加上有什么区别?

关于 HTML 表单这一章，初学者有不少疑惑的地方。就像单选按钮，其实表面上加 value 属性值跟没加在浏览器效果上是没有什么区别的。之所以加 value 属性，是为了方便向服务器端传递数据，这个是属于后端技术的内容。所以初学者应该按部就班，哪些地方该加什么就加什么，以便养成一个良好的代码编写习惯。有些地方，对于初学者还是没办法理解的，所以不进行详细讲解。

还有表单这一章，真正掌握起来是比较复杂的，并非像这一章那样记忆几个标签就全会了。更多内容可以关注绿叶官网的进阶教程。

9.7 复选框 checkbox

单选按钮 radio 只能从选项列表中选择一项，而复选框 checkbox 可以从选项列表中选择一项或者多项。

语法：

```
<input type="checkbox" value="复选框取值" checked="checked"/>
```

说明：

checked 属性表示该选项在默认情况下已经被选中。

复选框 checkbox 不像单选按钮 radio，它不需要设置选项列表的 name，因为复选框可以多选。

HTML 中的复选框是没有文本的，需要加入 label 标签，并且用 label 标签的 for 属性指向复选框的 id。

举例：

```
<!DOCTYPE html>
<html xmlns="http://www.w3.org/1999/xhtml">
<head>
    <title>复选框 checkbox</title>
</head>
<body>
    <form name="form1" method="post" action="index.html">
        你喜欢的水果：<br />
            <input id="checkbox1" type="checkbox"
checked="checked"/><label for="checkbox1">苹果</label><br />
            <input id="checkbox2" type="checkbox" /><label
for="checkbox2">香蕉</label><br />
            <input id="checkbox3" type="checkbox" /><label
for="checkbox3">西瓜</label><br />
            <input id="checkbox4" type="checkbox" /><label
for="checkbox4">凤梨</label>
    </form>
</body>
</html>
```

在浏览器预览效果如图 9-17。

图 9-17 复选框实例（1）

分析：

“<label for= 'checkbox1 '"> 苹果 </label>” 表示 label 指向 id 为 checkbox1 的复选框，以此类推。

第一句代码中加了 checked="checked" 这个属性值，表示该选项默认情况下被选中。去掉这个属性值，看看有什么效果。

有些初学者会有疑问，使用复选框 checkbox 有必要那么麻烦吗？还得配合 label 使用，使用下面代码实现的效果跟上面不是一样吗？

```
<!DOCTYPE html>
<html xmlns="http://www.w3.org/1999/xhtml">
<head>
    <title>复选框 checkbox</title>
</head>
<body>
```

```
    <form name="form1" method="post" action="index.html">
        你喜欢的水果：<br />
            <input id="checkbox1" type="checkbox"
checked="checked"/><label for="checkbox1">苹果</label><br />
        <input id="checkbox2" type="checkbox" />香蕉<br />
        <input id="checkbox3" type="checkbox" />西瓜<br />
        <input id="checkbox4" type="checkbox" />凤梨
    </form>
</body>
</html>
```

上面代码在浏览器预览效果如图 9-18。

你喜欢的水果：
☑苹果
☐香蕉
☐西瓜
☐凤梨

图 9-18　复选框实例（2）

分析：

这是一个很经典的问题。实现效果虽然一样，但这是一个绝对不可取的方法！对于具体原因需要等我们学习了 JavaScript 才能真正懂得。

大家一定要记住：复选框 checkbox 必须和 label 标签配合使用。

单选按钮 radio 和复选框 checkbox 根本区别在于：一个单选，一个多选。

9.8　表单按钮

在 HTML 中，按钮分为三种：

① 普通按钮 button

② 提交按钮 submit

③ 重置按钮 reset

9.8.1　普通按钮 button

在HTML中，普通按钮一般情况下要配合JavaScript脚本来进行表单的实现。

语法：

```
<input type="button" value="普通按钮的取值" onclick="JavaScript脚本程序"/>
```

说明：

value的取值就是显示在按钮上的文字，onclick是普通按钮的事件，这是JavaScript的内容，在这里大家了解一下即可。更多关于JavaScript的内容可以关注绿叶学习网。

举例：

```
<!DOCTYPE html>
<html xmlns="http://www.w3.org/1999/xhtml">
<head>
    <title>普通按钮button</title>
</head>
<body>
    单击按钮弹出对话框：<br/>
     <input type="button" value="按钮" onclick="alert('你点击了按钮！')">
</body>
</html>
```

在浏览器预览效果如图9-19。

分析：

当我们点击按钮时会弹出对话框，预览效果如图9-20。

图9-19 普通按钮

图9-20 点击按钮弹出的对话框

9.8.2 提交按钮submit

提交按钮可以看成一种具有特殊功能的普通按钮，单击提交按钮可以实现将表单内容提交给服务器处理。

语法：

```
<input type="submit" value=" 提交按钮的取值 "/>
```

说明：

value 的取值就是显示在按钮上的文字。例子可参考下面重置按钮中的例子。

提交按钮 submit 真正的用处是把表单内容提交给后台服务器处理，这个需要我们再学习一门后端技术才能真正懂得。这里了解一下即可。

9.8.3 重置按钮 reset

1. 重置按钮简介

重置按钮也可以看成一种具有特殊功能的普通按钮，单击重置按钮可以清除用户在页面表单中输入的信息。

语法：

```
<input type="reset" value=" 重置按钮的取值 "/>
```

说明：

value 的取值就是显示在按钮上的文字。

举例：

```
<!DOCTYPE html>
<html xmlns="http://www.w3.org/1999/xhtml">
<head>
    <title> 重置按钮 reset</title>
</head>
<body>
    <form name="form1" method="post" action="index.html">
        账号：<input type="text"/><br/>
```

```
            密码: <input type="password"/><br/>
            <input type="submit" value=" 提交 "/>
            <input type="reset" value=" 重置 "/>
        </form>
</body>
</html>
```

在浏览器预览效果如图 9-21。

图 9-21 重置按钮

分析：

在文本框输入字符之后按下重置按钮，你会发现文本框的内容被清除了！这就是重置按钮的功能。

这里要注意一下，重置按钮 reset 清除的是单行文本框、密码文本框以及多行文本框中的文本内容，而不是清除 CSS 样式。

2. 重置按钮的误区

我们从上面知道，重置按钮可以清除用户在表单输入的信息。但是有一个要注意，重置按钮只能清除"当前所在 form 标签"内的表单元素内容，对当前所在 form 标签之外的表单元素内容清除无效。

举例：

```
<!DOCTYPE html>
<html xmlns="http://www.w3.org/1999/xhtml">
<head>
    <title> 重置按钮的误区 </title>
</head>
<body>
    <form name="form1" method="post" action="index.html">
        账号: <input type="text"/><br/>
        密码: <input type="password"/><br/>
        <input type="submit" value=" 提交 "/>
        <input type="reset" value=" 重置 "/>
    </form>
    昵称: <input type="text"/><br/>
```

```
</body>
</html>
```

在浏览器预览效果如图 9-22。

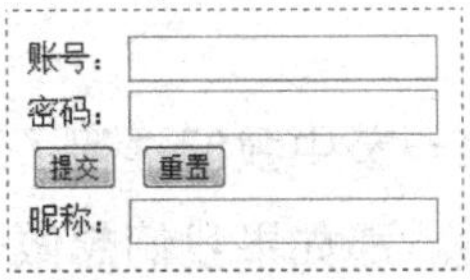

图 9-22 重置按钮的误区

分析：

当我们在form标签之外的文本框，即“昵称”对应的那个文本框输入内容后再点击重置按钮，你会发现重置按钮对于这个文本框清除无效了。

从上面我们得出一个结论：重置按钮 reset 只能清除当前所在 form 标签内部表单元素的输入内容，对当前所在 form 标签之外的表单元素无效。

在此随便提一下，提交按钮也是针对当前所在 form 标签而言的。

9.8.4 普通按钮、提交按钮和重置按钮的区别

从上面我们知道这三种按钮的区别如下。

① 普通按钮一般与 JavaScript 脚本结合在一起来实现一些特效。

② 提交按钮用于把当前所在 form 标签内部的表单输入内容提交给服务器处理。

③ 重置按钮用于清除当前所在 form 标签内部的表单元素的输入内容。

对于这三种按钮的功能，在 HTML 学习阶段，你是不可能完全理解的。不懂没关系，因为这些表单按钮涉及了 JavaScript 和后端技术的内容，我们学习到了后期就会慢慢有深入的了解。在 HTML 学习阶段，我们只需要知道按钮有哪几种，标签代码怎么写就可以了。

9.9 图片域 image

在上一节中我们学习了三种按钮，很多人都会觉得浏览器默认的按钮过于丑陋。那如果我们想做一个漂亮的按钮，究竟该怎么办呢？这时，我们就用到了图片域。

语法：

```
<input type="image" src=" 图像的路径 "/>
```

说明：

图片域 image 既拥有按钮的特点，也拥有图像的特点。因此，它需要设置图片的路径，方法跟 img 标签引用图片路径一样，大家可以参考 7.2 节“相对路径和绝对路径”。

举例：

```
<!DOCTYPE html>
<html xmlns="http://www.w3.org/1999/xhtml">
<head>
    <title>图片域 image</title>
</head>
<body>
    <form name="form1" method="post" action="index.html">
        账号：<input type="text"/><br/>
        密码：<input type="text"/><br/>
              <!--3 -->
        <input type="image" src="images/login.jpg"/>
    </form>
</body>
</html>
```

在浏览器预览效果如图 9-23。

图 9-23 图片域

分析：

三个   是为了让图片域 image 移动到中间去。

【疑问】

如果要做一个美观的按钮，是不是都得用图片域 image 来实现呢?

其实我们完全可以用图片域 image 来实现各种漂亮的按钮。但是在前端开发中，我们更多使用 CSS 来模拟实现各种好看的按钮。在前端开发中，有一个不成文的规定：能用 CSS 实现的，就不要用图片来实现。这是因为图片往往数据传输量大，影响页面加载速度；而如果用 CSS 实现，则只需要少量代码就可以了。

因此，对于图片域这一节的内容，我们了解一下即可。

9.10 隐藏域 hidden

有时候我们想要从前台页面向后端服务器传送一些数据，但是又不想让用户看见。这个时候可以通过一个隐藏域来传送数据。隐藏域包含那些要提交处理的数据，但这些数据并不显示在浏览器中。

语法：

```
<input type="hidden"/>
```

说明：

在 HTML 学习中，隐藏域我们几乎用不到，大家只需要了解即可。在后端技术的学习中，你自然会看到它真正的用处。

举例：

```
<!DOCTYPE html>
<html xmlns="http://www.w3.org/1999/xhtml">
<head>
    <title>隐藏域 hidden</title>
</head>
```

```
<body>
    <form name="form1" method="post" action="index.html">
        账号：<input type="text"/><br/>
        密码：<input type="password"/>
        <input type="hidden" value="10"/>
    </form>
</body>
</html>
```

在浏览器预览效果如图 9-24。

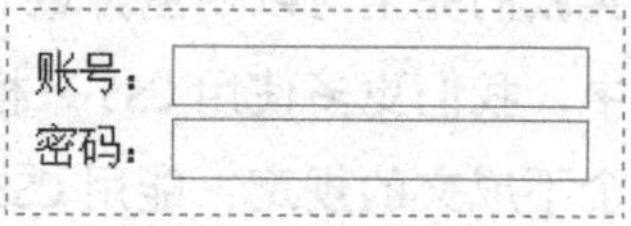

图 9-24 隐藏域

分析：

我们会发现，在浏览器预览效果中，隐藏域这个表单并没有显示出来。利用这个特点，我们就可以从前台页面向后台服务器传递一些数据。

但是我们通过查看 HTML 页面源代码，可以看到隐藏域元素的属性值，如图 9-25。所以在实际开发中，尽量不要使用隐藏域来传递敏感信息，如密码、手机号码等。

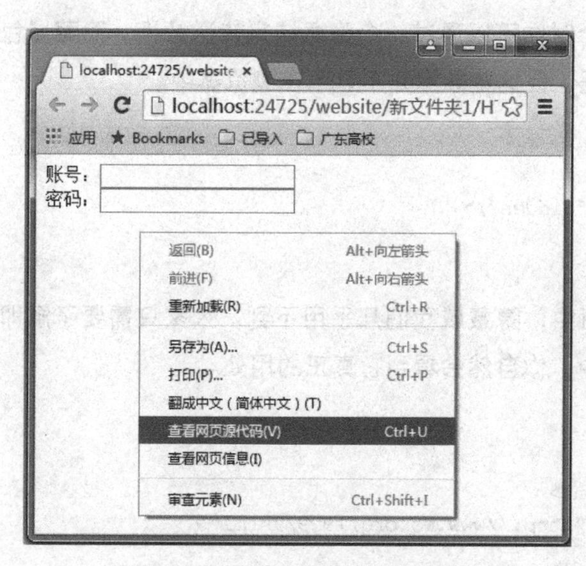

图 9-25 隐藏域浏览器实际效果

```
<!DOCTYPE html>
<html xmlns="http://www.w3.org/1999/xhtml">
<head>
    <title></title>
</head>
<body>
    <form name="form1" method="post" action="index.html">
        账号：<input type="text"/><br/>
        密码：<input type="password"/>
        <input type="hidden" value="10"/>
    </form>
</body>
</html>
```

图 9-26 查看源代码效果

9.11 文件域 file

文件上传是网站中常见的功能，例如网盘文件上传和邮箱上传文件。在网盘、邮箱、论坛等中，用户需要经常上传图片给服务器，用来改变用户在不同网站上的形象图片。

图 9-27 网盘中的文件上传

在 HTML 中，文件上传同样也使用 input 标签。但是当我们使用文件域 file 时，必须在 form 的标签中说明编码方式 enctype="multipart/form-data"。只有这样，服务器才能接收到正确的信息。在 9.2 节“form 标签”中，我们详细讲解过 enctype 属性。

语法：

```
<input type="file"/>
```

说明：

文件域 file 在 HTML 学习中没有太多东西要讲的，更多的是在后端技术中接触。

举例：

```
<!DOCTYPE html>
<html xmlns="http://www.w3.org/1999/xhtml">
<head>
    <title>文件域file</title>
</head>
<body>
    <form name="form1" method="post" action="index.html" enctype="multipart/form-data">
        <input type="file"/>
    </form>
</body>
</html>
```

在浏览器预览效果如图 9-28。

选择文件 未选择文件

图 9-28 文件域

说明：

对于文件上传，我们必须要设置 enctype 属性值为“multipart/form-data”。大家点击“选择文件”按钮会发现，怎么不能上传文件呢？这个需要学习了后端技术之后才知道怎么实现，大家好好努力。

9.12 多行文本框 textarea

单行文本框只能输入一行信息，而多行文本框则可以输入多行信息。多行文本框使用的是 textarea 标签，而不是 input 标签。

语法：

```
<textarea rows=" 行数 " cols=" 列数 "> 多行文本框内容 </textarea>
```

说明：

在该语法中，我们不能像单行文本框那样使用 value 属性来设置多行文本框的默认值。如果我们想要对多行文本框设置默认内容，可以在标签内部添加。

对于多行文本框的默认文字内容，你可以设置，也可以不设置。

举例：

```
<!DOCTYPE html>
<html xmlns="http://www.w3.org/1999/xhtml">
<head>
    <title> 多行文本框 textarea</title>
</head>
<body>
    <form name="form1" method="post" action="index.html">
        个人简介：<br />
        <textarea rows="8" cols="40"> 请介绍一下你自己 </textarea>
    </form>
</body>
</html>
```

在浏览器预览效果如图 9-29。

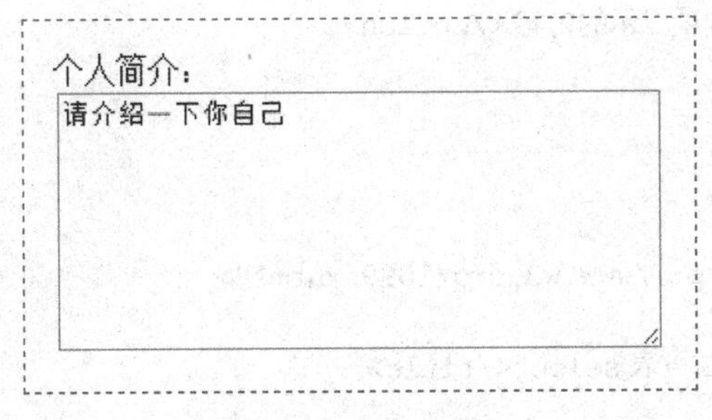

图 9-29　多行文本框

分析：

在这个例子中，我们设置了多行文本框行数为 8，列数为 40，默认内容是

“请介绍一下你自己”。

在 HTML 中，共有三种文本框：单行文本框 text、密码文本框 password 和多行文本框 textarea。

单行文本框和密码文本框使用的是 input 标签，而多行文本框使用的是 textarea 标签。

9.13 下拉列表 select

下拉列表由 select 和 option 这两个标签配合使用。这个特点跟列表是类似的，其中无序列表由 ul 标签和 li 标签配合使用。为了更好理解，我们可以把下拉列表看成一个特殊的无序列表。

下拉列表是一种最节省页面空间的选择方式，因为在正常状态下只显示一个选项，单击下拉菜单打开菜单后才会看到全部的选项。

语法：

```
<select>
    <option>选项显示的内容</option>
    ……
    <option>选项显示的内容</option>
</select>
```

举例：

```
<!DOCTYPE html>
<html xmlns="http://www.w3.org/1999/xhtml">
<head>
    <title>下拉列表 select</title>
</head>
<body>
    <select>
        <option>HTML</option>
        <option>CSS</option>
```

```
        <option>jQuery</option>
        <option>JavaScript</option>
        <option>ASP.NET</option>
        <option>Ajax</option>
    </select>
</body>
</html>
```

在浏览器预览效果如图 9-30。

分析：

点击下拉列表小箭头，列表项会全部展示出来，效果如图 9-31。

图 9-30 下拉列表默认样式

图 9-31 下拉列表展开样式

9.13.1 select 标签属性

在 HTML 中，下拉列表 select 标签常用属性如下。

select 标签属性

属性	说明
multiple	可选属性，只有一个属性值“multiple”。默认情况下下拉列表只能选择一项，当设置 multiple=“multiple”时，下拉列表可以选择多项
size	下拉列表展开之后可见列表项的数目

1. multiple属性

语法：

```
<select multiple="multiple">
    <option>选项显示的内容</option>
    ……
    <option>选项显示的内容</option>
</select>
```

举例：

```
<!DOCTYPE html>
<html xmlns="http://www.w3.org/1999/xhtml">
<head>
    <title>select标签multiple属性</title>
</head>
<body>
    <select multiple="mutiple">
        <option>HTML</option>
        <option>CSS</option>
        <option>jQuery</option>
        <option>JavaScript</option>
        <option>ASP.NET</option>
        <option>Ajax</option>
    </select>
</body>
</html>
```

图 9-32 下拉列表multiple属性

在浏览器预览效果如图9-32。

分析：

想要选取多项，使用“Ctrl+鼠标左键”即可。

2. size属性

下拉列表size属性，用来定义下拉列表展开之后可见选项的数目。

语法：

```
<select multiple="multiple" size=" 可见列表项的数目 ">
      <option> 选项显示的内容 </option>
      ……
      <option> 选项显示的内容 </option>
</select>
```

举例：

```
<!DOCTYPE html>
<html xmlns="http://www.w3.org/1999/xhtml">
<head>
      <title>select 标签 size 属性 </title>
</head>
<body>
      <select multiple="multiple" size="4">
          <option>HTML</option>
          <option>CSS</option>
          <option>jQuery</option>
          <option>JavaScript</option>
          <option>ASP.NET</option>
          <option>Ajax</option>
      </select>
</body>
</html>
```

图 9-33 下拉列表 size 属性

在浏览器预览效果如图 9-33。

分析：

有些同学将 size 取值为 1、2、3 时会发现它对 360 浏览器无效。因为 360 浏览器最低都有 4 个选项，而 IE、火狐可以显示。其实这是浏览器默认样式所致，不同浏览器对于一些标签会有不同的样式设置。就像按钮 button，在不同浏览器中，它的样式也是不一样的。

9.13.2 option 标签属性

在 HTML 中，下拉列表项 option 标签常用属性如下。

option 标签属性	
属性	说明
value	选项值
selected	是否选中

option 标签的 value 属性，无需多说。selected 属性表示这个列表项是否选中，跟单选按钮 radio 的 checked 是一样的意思。

语法：

```
<select multiple="multiple" size="可见列表项的数目">
      <option value="选项值" selected="selected">选项显示的内容</option>
      ……
      <option value="选项值">选项显示的内容</option>
</select>
```

举例：

```
<!DOCTYPE html>
<html xmlns="http://www.w3.org/1999/xhtml">
<head>
      <title>option 标签属性</title>
</head>
<body>
      <select multiple="multiple" size="5">
            <option>HTML</option>
            <option selected="selected">CSS</option>
            <option>jQuery</option>
            <option>JavaScript</option>
            <option>ASP.NET</option>
            <option>Ajax</option>
      </select>
</body>
</html>
```

图 9-34 option 标签

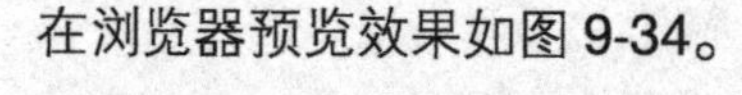
在浏览器预览效果如图 9-34。

分析：

这里为每个列表项添加 value 值，并且使用 selected="selected" 来设置某一个列表项默认情况下被选中。

【疑问】

1. 下拉列表中每个 value 值都是干嘛的？为什么要设置 value 值呢？

value 主要是用来给 JavaScript 调用，或者向服务器传递数据。这些技术等我们学习了 JavaScript 和后端技术，自然会学习到。

2. 下拉列表有何优点（与复选框等比较）？

下拉列表占据空间比复选框小得多，默认情况下只显示一个选项。

9.14 input 标签按钮与 button 标签按钮

在之前，学习到的表单按钮语法如下：

```
<input type="button" value=" 普通按钮的取值 " onclick="JavaScript 脚本程序 "/>
```

表单按钮使用的是 input 标签，而 input 标签是自闭合标签，这是因为它没有结束符号。从自闭合标签的特点我们知道，表单按钮是没有办法插入其他内容的。

“一般标签”都有开始符号和结束符号，而“自闭合标签”只有开始符号没有结束符号。一般标签开始符号和结束符号之间能插入其他标签或文字，而自闭合标签只能定义自身的一些属性。

除了表单按钮（使用 input 标签），还有一种使用 button 标签实现的按钮。

语法：

```
<button> 文本或图像 </button>
```

说明：

开始符号 **<button>** 与结束符号 **</button>** 之间可以插入文本或者图像。

button 标签与表单按钮相比，在 button 标签开始符号与结束符号之间可以插入其他标签或文本，因此它的功能更加强大。

举例：

```
<!DOCTYPE html>
<html xmlns=" http://www.w3.org/1999/xhtml" >
<head>
    <title> 表单按钮与 button 标签按钮 </title>
</head>
<body>
    button 标签插入文本：<button> 这是一个按钮 </button><br/>
     button 标签插入图像：<button><img src="../App_images/lesson/run_
hj/button.jpg" alt=""/></button>
</body>
</html>
```

在浏览器预览效果如图 9-35。

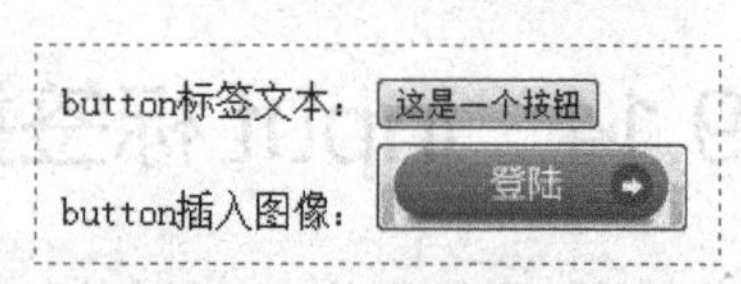

图 9-35 button 标签按钮

分析：

大家可以很清楚地看到，**<button>**，**</button>** 标签之间可以插入文本或者其他标签，并且 **<button>** 与 **</button>** 之间的所有内容都是按钮的内容。细心的朋友可能会发现，在 button 标签内部插入图像，实现效果跟图片域 image 有着异曲同工之效。

举例：

```
<!DOCTYPE html>
<html xmlns=" http://www.w3.org/1999/xhtml" >
<head>
    <title> 表单按钮与 button 标签按钮 </title>
</head>
<body>
    button 标签按钮：<button> 这是一个按钮 </button><br/>
        表单标签按钮：<input type="button" value=" 这是一个按钮 "/>
</body>
</html>
```

在浏览器预览效果如图 9-36。

button标签按钮： 这是一个按钮
表单标签按钮： 这是一个按钮

图 9-36 input 标签按钮与 button 标签按钮

分析：

这两个按钮在浏览器中的预览效果是一样的，但是代码实现方式却不一样。在这里，大家注意一点，表单按钮显示的文字用 input 标签的 value 属性来定义，而 button 标签按钮显示的文字在开始符号 <button> 和结束符号 </button> 之间定义。

【疑问】

1．在前端开发中，到底是使用 input 标签按钮，还是用 button 标签按钮呢？

在前端开发中，表单都是要涉及提交数据到服务器的，button 标签按钮不能实现这个功能，因此我们都是使用 input 标签按钮，基本不用 button 标签按钮。

当然，在真正的开发中，美观漂亮的按钮更多时候是用 div 标签并结合 CSS 来实现的，这是后话了。

9.15 本章总结

我们常说的表单，是一组标签的统称，即文本框、按钮等的统称。

表单标签共有 4 个：input、textarea、select 和 option。其中 select 和 option 是配合使用的。

我们通过一张表单来把所有 input 标签囊括进来。

1. input 标签

在 HTML 中，大部分表单都是用 input 标签完成的。

图 9-36 表单

语法：

<input type="表单类型"/>

说明：

下表中的表单都是使用 input 标签，所不同的就是 type 属性值不同。

type属性值	说明	浏览器效果（参考效果）
text	单行文本框	admin
password	密码文本框	•••••
button	按钮	注册
reset	重置按钮	重置
image	图像形式的提交按钮	CLICK HERE
radio	单选按钮	性别：男 女
checkbox	复选框	兴趣：旅游 摄影 运动
hidden	隐藏字段	
file	文件上传	上传个人照片：选择文件 未选择文件

图 9-37 input 标签 type 属性

2. textarea 标签

（1）多行文本框

语法：

<textarea rows="行数" cols="列数">多行文本框内容</textarea>

表现形式如图 9-38。

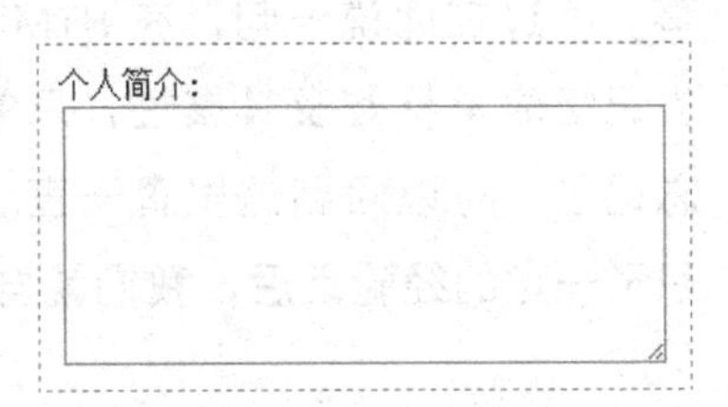

图 9-38 多行文本框

（2）三种文本框对比

单行文本框和密码文本框使用 <input> 标签，而多行文本框使用 <textarea> 标签。

3. select 和 option

下拉列表由 select 标签和 option 标签配合使用。

语法：

```
<select multiple="mutiple" size=" 可见列表项的数目 ">
<option value=" 选项值 " selected="selected"> 选项显示的内容 </option>
        ……
<option value=" 选项值 "> 选项显示的内容 </option>
</select>
```

表现形式如图 9-39。

图 9-39 下拉列表

表单这一章大家看着挺复杂，真正掌握起来也一样很复杂。因为表单标签更多的是与服务器端进行交互（也就是后端技术的内容）。不过呢，在 HTML 入门阶段，我们只要把基本标签记住并且能写出来就行了。至于如何与服务器端进行数据传输，这些等我们学了后端技术就什么都懂了。

【疑问】

1. HTML 表单那么多，每一种表单都有好几个属性，该怎么记忆呢？

对于初学者来说，记忆各种 HTML 表单元素是最重要但最为头疼的一件事。不过在此说一句，在 HTML 入门的时候，我们不需要花太多的力气去记忆表单标签及其属性，只需要感性认知即可。如果我们有哪些属性忘记了，可以回到这里查一查。经过后续课程的学习，或者自己编程累积了一定的经验之后，我们就自然而然记住了各种表单标签及其属性。

2. 表单元素是否一定要放在 form 标签内

表单元素不一定都要放在 form 标签内。对于要与服务器进行交互（也可以说是跟网站后台进行交互）的表单元素，就必须放在 form 标签内才有效。如果表单元素不需要跟服务器进行交互，那就没必要放在 form 标签内。

9.16 训练题

使用你在这一章学习到的表单标签制作下面的一个表单。

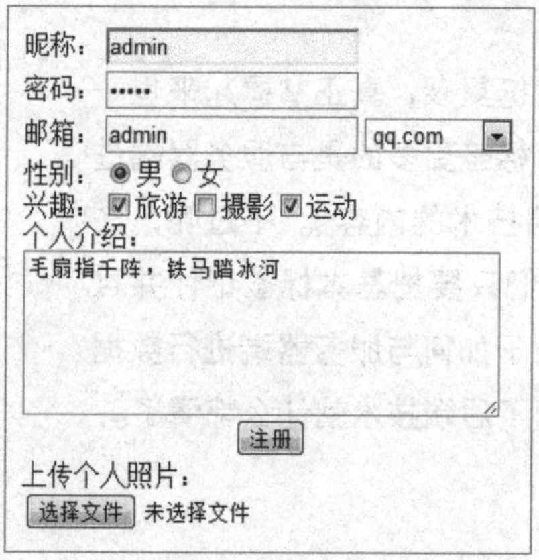

图 9-40 训练题

大家要注意一点，就是不同浏览器对 HTML 元素都有自己的一套默认外观样式。所以如果你做出来的效果跟上图有些细节上的区别，不必在意。

第 10 章

多媒体

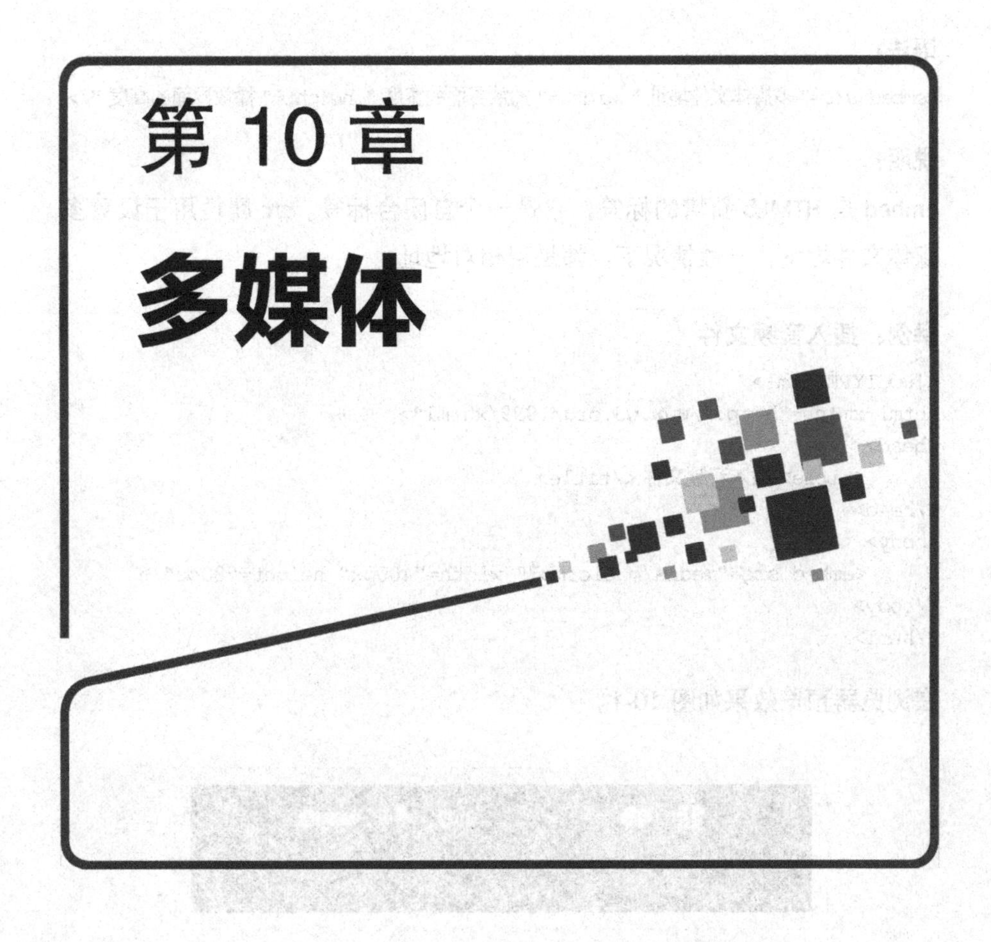

10.1 网页中插入音频和视频

在网页中，常见的多媒体文件包括音频文件和视频文件。对于在线音频和视频，我们往往都是使用 embed 标签来实现。

语法：

```
<embed src=" 多媒体文件地址 " width=" 播放界面的宽度 " height=" 播放界面的高度 "/>
```

说明：

embed 是 HTML5 新增的标签，它是一个自闭合标签。src 属性用于设置多媒体文件地址，一般情况下，都是用相对地址。

举例：插入音频文件

```
<!DOCTYPE html>
<html xmlns="http://www.w3.org/1999/xhtml">
<head>
    <title> 插入音频文件 </title>
</head>
<body>
    <embed src="media/music.mp3" width="400px" height="80px"/>
</body>
</html>
```

在浏览器预览效果如图 10-1。

图 10-1 网页中插入音频

说明：

我们可以看到，使用 embed 标签插入音频文件还会有一个播放界面，界面上有几个简单的功能按钮。

举例：插入视频文件

```
<!DOCTYPE html>
<html xmlns="http://www.w3.org/1999/xhtml">
<head>
      <title> 插入视频文件 </title>
</head>
<body>
      <embed src="media/littleApple.wmv" width="400px" height="80px"/>
</body>
</html>
```

在浏览器预览效果如图 10-2。

图 10-2 网页中插入视频

说明：

使用 embed 标签插入视频，在浏览器中我们也可以看到，浏览器提供了一个简单的操作界面。embed 标签支持的视频格式很多，大部分主流格式都支持。

embed 标签能支持大部分格式的视频文件，对于主流的格式如 .mp4、.

avi、.rmvb 等都支持。如果你使用 embed 标签不能播放视频，那就可能是视频格式有问题或者编码有问题。你可以用格式工厂等软件转换一下格式。

10.2 网页中插入背景音乐

以前，如果我们想要往网页中插入背景音乐，使用的是 bgsound 标签。但是 bgsound 标签只适用于 IE 浏览器，在 Firefox 等中未必适用，兼容性非常差。

HTML5 推出了 embed 标签，我们同样可以使用 embed 标签为网页添加背景音乐。

语法：

```
<embed src=" " hidden="" autostart="" loop=" "/>
```

说明：

src 属性定义了背景音乐的地址。

autostart 属性取值为 true 或 false。取值为 true 时表示页面一载入则自动播放，取值为 false 时表示页面载入后不进行播放；

hidden 属性取值为 true 或 false。取值为 true 时不显示播放器，取值为 false 时显示播放器。

loop 属性取值为 true 或 false。取值为 true 时表示无限次播放（循环播放），取值为 false 时表示只播放一次。

举例：

```
<!DOCTYPE html>
<html xmlns="http://www.w3.org/1999/xhtml">
<head>
```

```
    <title>网页中插入背景音乐</title>
</head>
<body>
    <embed src="media/music.mp3" hidden="true" autstart="true"
loop="true"/>
</body>
</html>
```

在浏览器预览效果如图 10-3。

图 10-3　网页中插入背景音乐

分析：

这里我们使用 hidden 属性来将播放器隐藏，因此音乐变成了背景音乐。

10.3　网页中插入 Flash

Flash 是一种动画技术，在网页制作中常常会用到 Flash，它可以实现一些较为复杂的动态效果，从而让网页的画面更加生动。

在网页中插入 Flash 也是使用 embed 标签来实现。语法跟插入音频文件和视频文件一样。

语法：

```
<embed src="多媒体文件地址" width="多媒体的宽度" height="多媒体的高度"/>
```

举例：

```
<!DOCTYPE html>
<html xmlns="http://www.w3.org/1999/xhtml">
<head>
    <title>网页中插入flash</title>
</head>
<body>
    <embed src="App_images/lesson/hj/helloworld.swf"/>
</body>
</html>
```

在浏览器预览效果如图10-4。

图 10-4 网页中插入 flash

10.4 本章总结

在网页中插入音频、视频、flash和背景音乐等多媒体，我们都可以使用embed标签来实现，非常简单。

在这一章中，对于多媒体开发的知识我们只是浅尝辄止，这也是符合学习的规律。对于实际开发中的视频和音频，这些知识还是远远不够的。在HTML5中，新增了audio标签、video标签等标签用于网页的多媒体开发。我们可以学习了HTML入门之后，再去学习HTML5，以便达到更高的层次。

第 11 章 框架

11.1 浮动框架 iframe

11.1.1 iframe 简介

由于 HTML5 已经舍弃了 frameset 标签（框架集标签），在这一章中，我们不再讲解 frameset 标签，而只讲解一个标签：iframe 标签。

浮动框架是一种较为特殊的框架，它是在浏览器窗口中嵌套的子窗口，整个页面并不一定是框架页面，但要包含一个框架窗口。iframe 框架可以完全由设计者定义宽度和高度，并且可以放置在网页的任何位置，这极大地扩展了框架页面的应用范围。

frameset 生成的框架结构是依赖上级空间尺寸的，它的宽度或者高度必须有一个和上级框架相同；而 iframe 浮动框架可以完全指定宽度和高度。

语法：

```
<iframe src="源文件地址" width="浮动框架的宽" height="浮动框架的高"></iframe>
```

说明：

src 属性是 iframe 的必需属性，它定义浮动框架页面的地址。

在普通框架结构中，由于框架就是整个浏览器的窗口，因此不需要设置其大小。但是在浮动框架 iframe 中，框架是插入到普通 HTML 页面中的，所以可以调整框架的大小。浮动框架的宽度和高度都是以像素为单位。width 和 height 这两个都是可选属性。

举例：

```
<!DOCTYPE html>
<html xmlns="http://www.w3.org/1999/xhtml">
<head>
```

```
        <title>浮动框架 iframe</title>
</head>
<body>
        <div id="main">
            <h3>绿叶学习网</h3>
                <iframe src="http://www.lvyestudy.com" width="200px"
height="150px"></iframe>
        </div>
</body>
</html>
```

在浏览器预览效果如图 11-1。

图 11-1 iframe 标签

分析：

在这个例子中，我们定义了 iframe 的 src 属性值为"http://www.lvyestudy.com"（绿叶学习网首页地址），宽 width 为 400px，高 height 为 300px。

大家在浏览器查看到该页面嵌入了一个子页面，而这个子页面就是绿叶网的首页。

11.1.2 iframe 滚动条

对于浮动框架 iframe 的滚动条，我们可以使用 scrolling 属性来控制。scrolling 属性有三种情况：根据需要显示、总是显示和不显示。

语法：

```
<iframe src="源文件地址" width="浮动框架的宽" height="浮动框架的高"
scrolling="取值"></iframe>
```

说明：

scrolling 属性取值如下。

scrolling 属性取值	
属性值	说明
auto	默认值，整个表格在浏览器页面中左对齐
yes	总是显示滚动条
no	不显示滚动条

举例：

```
<!DOCTYPE html>
<html xmlns="http://www.w3.org/1999/xhtml">
<head>
    <title>iframe 滚动条 </title>
</head>
<body>
        <h3> 绿叶学习网 </h3>
            <iframe src="http://www.lvyestudy.com" width="400px"
height="300px" scrolling="no"></iframe>
</body>
</html>
```

在浏览器预览效果如图 11-2。

图 11-2 iframe 标签去除滚动条

分析：

大家可以看到，浮动框架 iframe 的滚动条都消失了。大家可以在本地编辑器中修改一下 scrolling 属性值，看看不同属性值下有什么不同的效果。

浮动框架，说白了就是在一个页面嵌入一个或多个子页面，就这么简单。

第二部分
CSS 入门

第 12 章

CSS 基础

12.1 CSS 是什么

12.1.1 CSS 简介

CSS 是什么？CSS，即“Cascading Style Sheet”（层叠样式表），是用来控制网页外观的一门技术。

我们知道，HTML、CSS 和 JavaScript 是前端技术中最核心的三个元素。HTML 控制网页的结构，CSS 控制网页的外观，而 JavaScript 控制网页的行为。在 1.1 节“Web 技术简介”中我们已经详细介绍过这三种技术的区别。

在网页发展初期，是没有 CSS 这回事的。那个时候的网页仅仅是用 HTML 标签来制作，这样可想而知网页单调成什么样了。或者你可以这样理解，CSS 的出现就是为了改造 HTML 标签在浏览器展示的外观，使其变得更加好看。如果没有 CSS 的出现，就不可能有现在“色彩缤纷”的页面。CSS 的出现可以说就是为了改变色彩单调、惨淡的网页。

曾经作为初学者的我，也跟你们一样，简单来说就是为了学习 Web 技术，跑了很多弯路，有时候都不知道该学什么。例如学习 HTML 和 CSS 到达一定程度了，都不知道自己的瓶颈在哪里，怎么提升自己的水平。有时候一个知识点不懂，上网找，去图书馆找，学到的知识都是东拼西凑，一点都不系统，这些知识还要自己整理。

在这里，我们为小伙伴们量身定做了一整套 Web 开发的学习教程。当然现在也只有这本书，不过这本书是 Web 技术的基础。更多的教程可以关注绿叶学习网的在线教程。我们在这一套教程里面，除了给大家讲解知识之外，更重要的是给大家介绍一些开发技巧和思想。

12.1.2 CSS 和 CSS3

CSS3 是 CSS 的升级版本。CSS 是从 CSS1.0、CSS2.0、CSS2.1 和 CSS3.0 这几个版本一直升级而来，其中 CSS2.1 是 CSS2.0 的修订版，CSS3.0 是 CSS 的最新版本。

图 12-1 CSS3

CSS3.0 相对于 CSS2.0 来说，新增了很多属性和方法，最典型的就是你可以直接为文字设置阴影和为标签设置圆角。在 CSS2.0 中，为标签设置圆角是一件很头疼的事情。

对于 CSS 的学习，我们设置了“CSS 入门教程”、“CSS 进阶教程”和“CSS3 教程”这几个教程，其中“CSS 入门教程”讲解的是 CSS2.0 入门的基础知识，“CSS 进阶教程”讲解的是 CSS2.0 进阶的技巧和方法，而“CSS3.0 教程”讲解的是 CSS3.0 新增的属性和一些技巧。不管是对于初学者，还是有一定基础的读者，这几个教程都完全能满足您的需求。当然，这本书是 CSS 入门方面的。对于其他两个，可以关注我们的在线教程。

12.2 CSS 入门简介

本课程是针对 CSS2.1 而言，我们在绿叶学习网“CSS3 教程”会详细讲解 CSS3.0 的知识。

在进入 CSS 学习之前，有几个经验和注意事项需要跟初学者说明一下。

① 在 CSS 入门学习中，我们只需要把基本的 CSS 属性记住，然后能做出基本的 CSS 效果就行。对于高级的特效，可以关注官网的 CSS 进阶教程。

② 在每一章的学习中，我们都会辅以部分训练来帮助大家深入学习该章的重点知识，当然这个训练是远远不够的，大家不要奢求做完这几个训练就能把握该章的所有知识了，这个读者还得自己多加练习。

③ 在本教程中，笔者把 CSS 的一些技巧例如“如何取颜色值”等穿插在各个章节，以便大家更好地提高技能。

12.3 CSS 的三种引用方式

在 HTML 中，引入 CSS 共有三种方式。

① 外部样式表

② 内部样式表

③ 内联样式表

下面我们详细为大家介绍这三种 CSS 引用方式。

12.3.1 外部样式表

外部样式表是最理想的 CSS 引用方式，在实际开发当中，为了提升网站的性能和维护性，一般都是使用外部样式表。所谓的“外部样式表”，就是把 CSS 代码和 HTML 代码单独放在不同文件中，然后在 HTML 文档中使用 link 标签来引用 CSS 样式表。

当样式需要被应用到多个页面时，外部样式表是最理想的选择。使用样式表，你就可以通过更改一个 CSS 文件来改变整个网站的外观。

外部样式表在单独文件中定义，并且在 <head></head> 标签对中使用 link

标签来引用。

举例：

```
<!DOCTYPE html>
<html xmlns="http://www.w3.org/1999/xhtml">
<head>
    <title>外部样式表</title>
    <!-- 在HTML页面中引用文件名为index的css文件 -->
    <link href="index.css" rel="stylesheet" type="text/css" />
</head>
<body>
    <div></div>
</body>
</html>
```

说明：

外部样式表都是在head标签内使用link标签来引用的。

12.3.2 内部样式表

内部样式，就是把HTML代码和CSS代码放在同一个文件中。其中CSS代码放在<style></style>标签对内，并且<style></style>标签对是放在head标签对内的。

举例：

```
<!DOCTYPE html>
<html xmlns="http://www.w3.org/1999/xhtml">
<head>
    <title>内部样式表</title>
    <!-- 这是内部样式表，CSS样式在style标签中定义 -->
    <style type="text/css">
        p{color:Red;}
    </style>
</head>
<body>
    <p>绿叶学习网</p>
    <p>绿叶学习网</p>
```

```
    <p>绿叶学习网</p>
</body>
</html>
```

在浏览器预览效果如图12-2。

图12-2 内部样式表实例预览

说明：

对于内部样式表，CSS样式在style标签内定义，而style标签必须放在head标签内。

12.3.3 内联样式表

内联样式表，也是把HTML代码和CSS代码放在同一个文件中。但是跟内部样式表不同，CSS样式不是在<style></style>标签对中定义，而是在标签的style属性中定义。

举例：

```
<!DOCTYPE html>
<html xmlns="http://www.w3.org/1999/xhtml">
<head>
    <title>内联样式表</title>
</head>
<body>
    <p style="color:Red; ">绿叶学习网</p>
    <p style="color:Red; ">绿叶学习网</p>
    <p style="color:Red; ">绿叶学习网</p>
</body>
</html>
```

在浏览器预览效果如图12-3。

图12-3 内联样式表实例预览

说明：

大家仔细对比一下这个例子和内部样式表中的例子，其实这两段代码实现的是同一个效果。三个p元素都定义了color属性，那么如果采用内部样式表，样式只需要写一遍；而如果采用内联样式表，则三个 p 元素都要单独写一遍。

内联样式是在单个元素内定义的，对于网站来说，冗余代码很多。而且由于冗余代码多，每次改动 CSS 样式都要到具体的标签内修改，这样使得网站的维护性也非常差。

在 HTML 入门学习中为什么强烈不推荐使用 Dreamweaver 那种“点点点”的方式来开发网页？其实就是因为使用那种方式产生的代码中，CSS 样式全部都是使用内联样式，导致冗余代码非常多，网站的维护性也非常差。

在实际开发中，我们一般使用外部样式表，但是在 CSS 入门的学习中，我们使用的是内部样式表，因为代码量不是很多，HTML 代码和 CSS 代码放在同一个文件，这样也方便我们修改和测试。不管是在测试或者实际开发中，我们都不建议使用内联样式表。不过呢，我们可以使用内联样式表进行细节的微调，这个技巧我们在绿叶学习网的“CSS 进阶教程”再给大家介绍，敬请关注。

除了这一节提到的三种引用方式，CSS 还有一种 @import 方式，这种方式类似于用外部样式表的方式调用 CSS。不过在实际开发中，我们极少使用 @import 方式，而更倾向于使用 link 方式（外部样式表）。原因在于，@import 方式先加载 HTML 后加载 CSS，而 link 先加载 CSS 后加载 HTML。如果 HTML 在 CSS 之前加载，页面用户体验非常差。

第 13 章

CSS 选择器基础

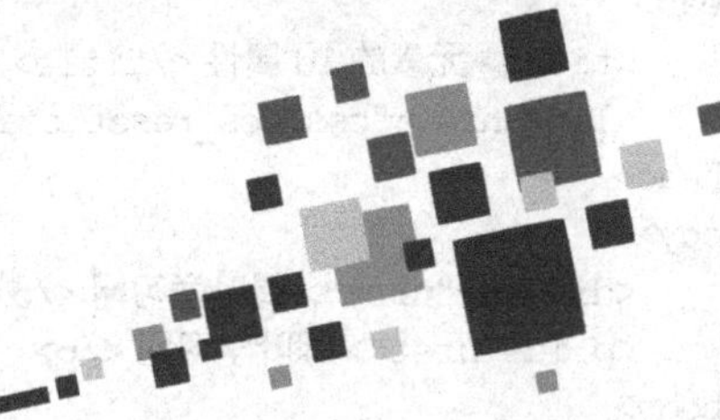

13.1 元素的 id 和 class

id 和 class 是 HTML 元素中两个最基本的公共属性。

13.1.1 元素的 id 属性

id 属性被赋予了标识页面元素的唯一身份。如果一个页面出现了多个相同 id 属性取值，CSS 选择器或者 JavaScript 就无法分辨要控制的元素。

举例：

```
<!DOCTYPE html>
<html xmlns="http://www.w3.org/1999/xhtml">
<head>
    <title>元素的 id 属性</title>
    <link href="css/css_reset.css" rel="stylesheet" type="text/css" />
</head>
<body>
    <div id="first">绿叶学习网</div>
    <p id="first">绿叶学习网</p>
</body>
</html>
```

分析：

上面的 HTML 代码是错误的，因为在同一个 HTML 页面中，不允许出现两个相同的 id。不过要注意一下，在不同页面可以出现相同的 id 元素。

13.1.2 元素的 class 属性

class，顾名思义，就是“类”。它采用的思想跟 C、Java 等编程语言的“类”相似。我们可以为同一个页面的相同元素或者不同元素设置相同的 class，然后使得相同的 class 元素具有相同的 CSS 样式。

如果你要为两个或者两个以上的元素定义相同的样式，建议使用 class 属性。因为这样可以减少大量的重复代码。

举例：

```
<!DOCTYPE html>
<html xmlns="http://www.w3.org/1999/xhtml">
<head>
      <title></title>
      <link href="css/css_reset.css" rel="stylesheet" type="text/css" />
</head>
<body>
      <div class="first">绿叶学习网</div>
      <p class="first">绿叶学习网</p>
</body>
</html>
```

说明：

这段 HTML 代码是正确的，因为在同一个页面中，允许相同的元素或者不同的元素设置相同的 class 属性，以便我们可以统一对具有相同 class 属性的元素定义相同的 CSS 样式。

id 和 class 就像你的身份证号和姓名，身份证号是全国唯一的，id 号也就是唯一的。class（类名）就是姓名，两个人的姓名就有可能一样。我们在后续章节会经常跟 id 和 class 打交道，慢慢就会有很深的理解。

此外，对于元素的 id 和 class，需要注意以下两点。

① 一个标签可以同时定义多个 class。

② id 也可以写成 name，区别在于，name 是 HTML 中的标准，而 id 是 XHTML 中的标准。现在网页的标准都是使用 id，所以大家尽量不要用 name 属性。

13.2 什么叫 CSS 选择器?

很多书一上来就介绍说，一个样式的语法是由三部分构成：选择器、属性和属性值……然后就滔滔不绝地讲解选择器的语法以及类型。读者几乎把所有选择器看完了，都不知道选择器究竟是什么东西！

为了避免这种人间悲剧的发生，在讲解选择器语法和类型之前，我们先给大家详细探讨选择器究竟是怎么的一回事。

我们先看一段代码：

```
<!DOCTYPE html>
<html xmlns="http://www.w3.org/1999/xhtml">
<head>
    <title>什么叫CSS选择器？</title>
</head>
<body>
    <div>绿叶学习网</div>
    <div>绿叶学习网</div>
    <div>绿叶学习网</div>
</body>
</html>
```

在浏览器预览效果如图 **13-1**。

分析：

在这个例子中，如果我们只想要第二个div文本颜色为红色，怎么办呢？我们必须通过一种方式来“选中”第二个div（因为其他的div不能选中），然后把它的CSS颜色属性color改为红色，这样才行。像这种把某一个你想要的标签选中的方式就是所谓的“选择器”。也就是说，选择器就是一种选择元素的方式。

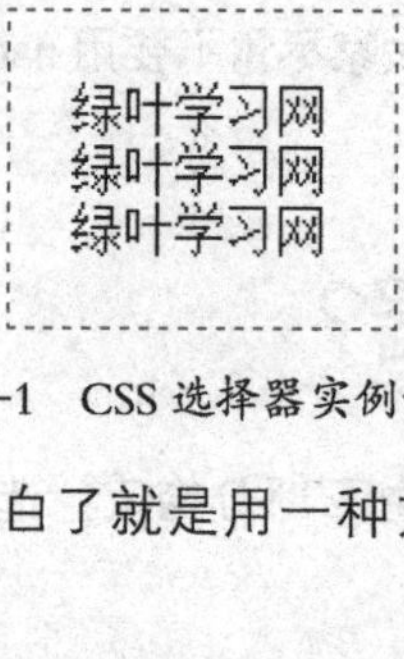

绿叶学习网
绿叶学习网
绿叶学习网

图13-1 CSS选择器实例预览

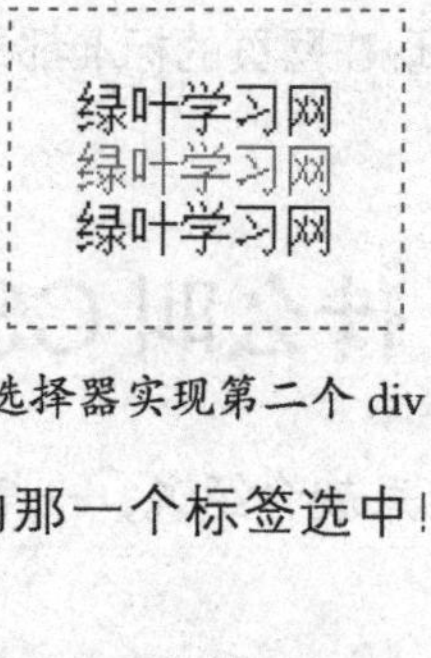

绿叶学习网
绿叶学习网
绿叶学习网

图13-2 选择器实现第二个div颜色变红

选择器，说白了就是用一种方式把你想要的那一个标签选中！把它选中了，你才能操作这个标签的 CSS 样式。这样够简单了吧。CSS 有很多把你所需要的标签选中的方式，这些不同的方式就是不同的选择器。

选择器的不同，在于它选择方式不同，但是它们的目的都是相同的，那就是把你需要的标签选中，然后让你定义该标签的 CSS 样式。当然，你也有可能会用某一种选择器代替另一种选择器，这仅仅是由于选择方式不一样罢了，目的还是一样的。

13.3 CSS 选择器入门（上）

在 CSS 入门学习中，我们并不像其他教材那样，一上来就恨不得把所有的 CSS 选择器都灌输给读者，到最后搞得大家对 CSS 选择器还是一头雾水。

本书是针对初学者的，在这里，我们先讲解最实用的 CSS 选择器，然后在 CSS 进阶教程中，我们会系统而详细地讲解剩下的 CSS 选择器。

从上一节中我们知道，CSS 选择器的功能就是把我们所需要的标签选中，然后操作选中标签的 CSS 样式。

CSS 选择器的格式如下：

```
选择器
{
    样式属性 1：取值 1;
    样式属性 2：取值 2;
    ……
}
```

13.3.1 元素选择器

元素选择器，就是“选中”相同的元素，然后对相同的元素设置同一个 CSS 样式。

语法：

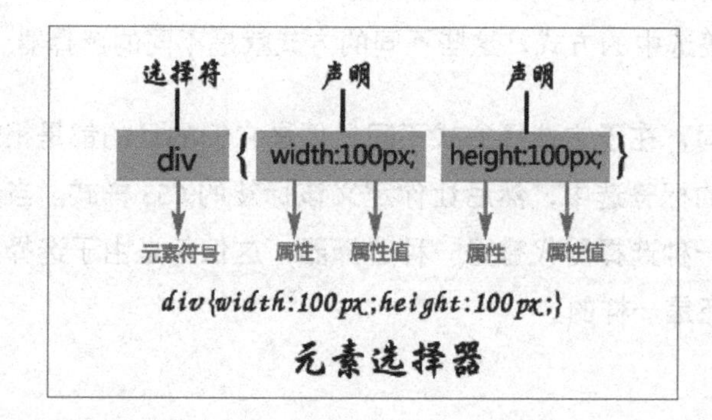

举例：

```
<!DOCTYPE html>
<html xmlns="http://www.w3.org/1999/xhtml">
<head>
        <title>元素选择器</title>
        <style type="text/css">
            div{color:red;}
        </style>
</head>
<body>
        <div>绿叶学习网</div>
        <p>绿叶学习网</p>
        <span>绿叶学习网</span>
        <div>绿叶学习网</div>
</body>
</html>
```

在浏览器预览效果如图 13-3。

图 13-3 元素选择器

分析：

“div{color:red}”表示把页面所有的 div 元素选中，然后为所有的 div 元素设置颜色 color 为红色。

在这里我们可以看出，元素选择器就是选择相同的元素，而不会选择其他元素。例如这段代码中的 p 元素和 span 元素就没有被选中，因此它们的内容就没有变成红色。

13.3.2 id 选择器

我们可以为元素设置一个 id，然后针对这个 id 的元素进行 CSS 样式操作。注意，在同一个页面中，不允许出现两个相同的 id，这个就跟没有哪两个人的身份证号是相同的道理一样。

语法：

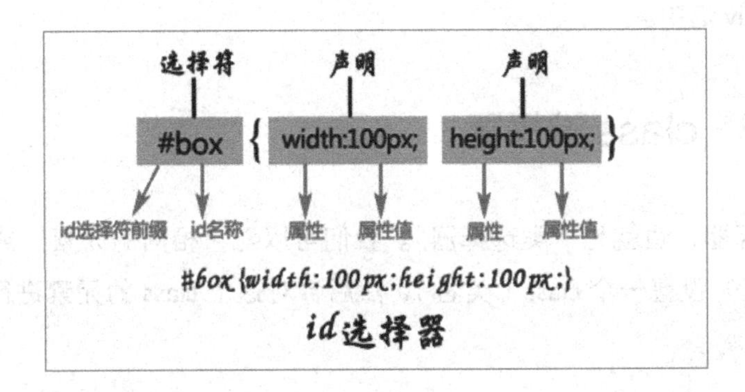

说明：

id 名前面必须要加上前缀“#”，否则该选择器无法生效。id 名前面加上“#”，表明这是一个 id 选择器。

举例：

```
<!DOCTYPE html>
<html xmlns="http://www.w3.org/1999/xhtml">
<head>
    <title>id 选择器 </title>
    <style type="text/css">
        #lvye{color:red;}
    </style>
</head>
<body>
    <div> 绿叶学习网 </div>
    <div id="lvye"> 绿叶学习网 </div>
    <div> 绿叶学习网 </div>
</body>
</html>
```

在浏览器预览效果如图 13-4。

绿叶学习网
绿叶学习网
绿叶学习网

图 13-4 id 选择器

分析：

“#lvye{color:red;}”表示选中 id 为 lvye 的元素，然后为这个元素设置 CSS 属性“color:red;”。

选择器为我们提供了一种选择方式。如果我们不使用选择器，就没办法把第二个 div 选中。

13.3.3 class 选择器

class 选择器，也就是“类选择器”。我们可以对“相同的元素”或者“不同的元素”设置一个 class（类名），然后针对这个 class 的元素进行 CSS 样式操作。

语法：

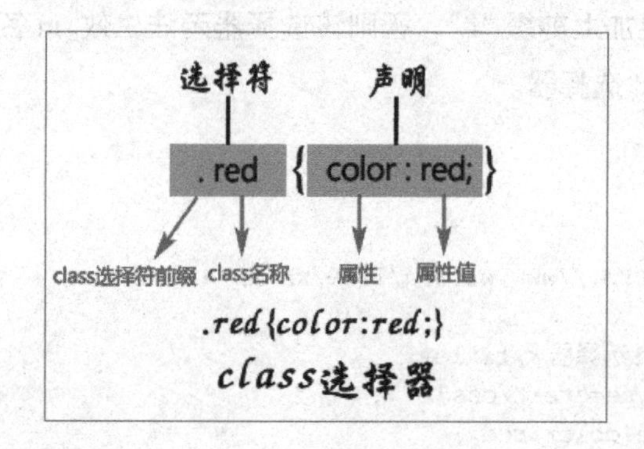

说明：

class 名前面必须要加上前缀“.”（英文点号），否则该选择器无法生效。类名前面加上“.”，表明这是一个 class 选择器。

举例：

```
<!DOCTYPE html>
<html xmlns="http://www.w3.org/1999/xhtml">
```

```
<head>
    <title>class 选择器 </title>
    <style type="text/css">
        .lv{color:red;}
    </style>
</head>
<body>
    <div> 绿叶学习网 </div>
    <p class="lv"> 绿叶学习网 </p>
    <span class="lv"> 绿叶学习网 </span>
    <div> 绿叶学习网 </div>
</body>
</html>
```

在浏览器预览效果如图 13-5。

图 13-5 class 选择器实例（1）

分析：

“.lv{color:red;}”表示选中 class 为 lv 的所有元素，然后为这些元素设置 CSS 属性“color:red;”。

p 元素和 span 元素是两个不同的元素，但是我们可以为这两个不同的元素设置相同的 class，这样就可以同时为这两个不同的元素设置相同的 CSS 样式了。

举例：

```
<!DOCTYPE html>
<html xmlns="http://www.w3.org/1999/xhtml">
<head>
    <title>class 选择器 </title>
    <style type="text/css">
        .lv{color:red;}
    </style>
</head>
<body>
    <div class="lv"> 绿叶学习网 </div>
    <div class="lv"> 绿叶学习网 </div>
    <div> 绿叶学习网 </div>
</body>
</html>
```

在浏览器预览效果如图 13-6。

分析：

虽然这个页面有三个 div 元素，但是我们为前两个 div 元素设置相同的 class，然后设置相同 class 的元素颜色为红色。第三个 div 层内容不会变成红色，因为它不属于 class="lv"，所以它没有被“选中”。

图 13-6 class 选择器实例（2）

13.4 CSS 选择器入门（下）

13.4.1 子元素选择器

子元素选择器，就是选中某个或某一类元素下的子元素，然后对该子元素设置 CSS 样式。

语法：

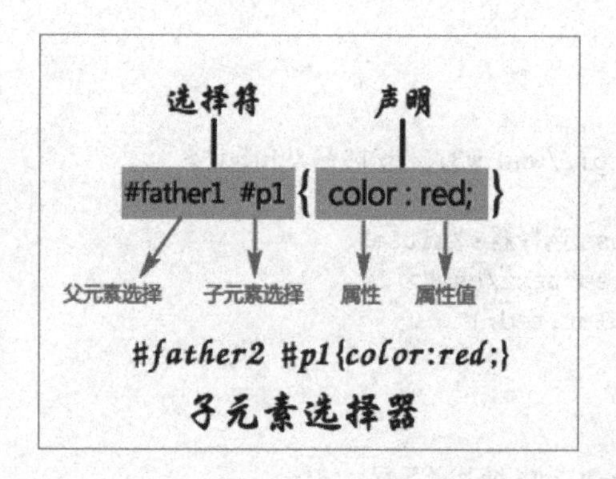

说明：

父元素与子元素必须用空格隔开，从而表示选中某个元素下的子元素。

举例：

```
<!DOCTYPE html>
<html xmlns="http://www.w3.org/1999/xhtml">
<head>
      <title>子元素选择器</title>
      <style type="text/css">
          #father1 div{color:blue;}
          #father2 #p1{color:red;}
      </style>
</head>
<body>
      <div id="father1">
          <div>绿叶学习网</div>
          <div>绿叶学习网</div>
      </div>
      <div id="father2">
          <p id="p1">绿叶学习网</p>
          <p id="p2">绿叶学习网</p>
          <span>绿叶学习网</span>
      </div>
</body>
</html>
```

绿叶学习网
绿叶学习网

绿叶学习网

绿叶学习网

绿叶学习网

图 13-7　子元素选择器

在浏览器预览效果如图 13-7。

分析：

“#father1 div{…}”表示选择“id 为 father1 的元素”下的所有 div 元素；

“#father2 #p1{…}”表示选择“id 为 father2 的元素”下的子元素，其中子元素的 id 为 #p1。因为“id 为 father2 的元素”下的第二个 p 元素没有被选中，所以第二个 p 元素内容没有变成红色。

13.4.2 相邻选择器

相邻选择器，就是选中该元素的下一个兄弟元素。在这里注意一点，相邻选择器的操作对象是该元素的同级元素。

语法：

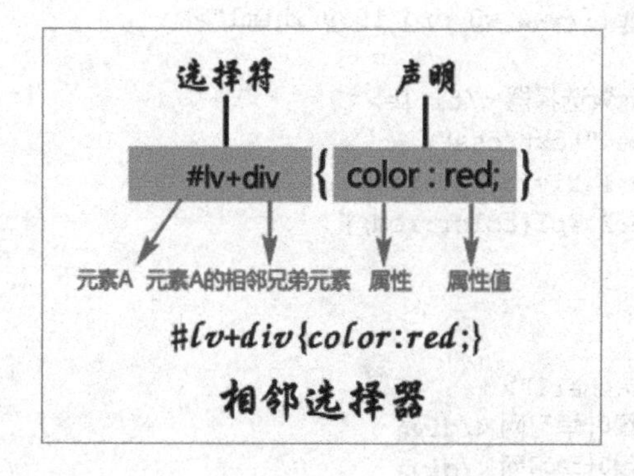

举例：

```
<!DOCTYPE html>
<html xmlns="http://www.w3.org/1999/xhtml">
<head>
    <title>相邻选择器</title>
    <style type="text/css">
        #lv+div{color:red;}
    </style>
</head>
<body>
    <div>绿叶学习网</div>
    <div id="lv">
        <p>绿叶学习网</p>
    </div>
    <div>绿叶学习网</div>
    <div>绿叶学习网</div>
</body>
</html>
```

绿叶学习网

绿叶学习网

绿叶学习网
绿叶学习网

图 13-8 相邻选择器

在浏览器预览效果如图 13-8。

分析：

“#lv+div{…}” 表示选择 “id 为 lv 的元素” 的相邻的下一个兄弟元素 div，也就是第三个 div 元素。

13.4.3 群组选择器

群组选择器，就是同时对几个选择器进行相同的操作。通常，我们的 CSS 样式中会有好几个地方需要使用到相同的设定时，一个一个分开写会是一件蛮累人的工作，重复性太高且显得冗长，更不好管理。在 CSS 语法的基本设定中，我们可以把这几个相同设定的选择器合并在一起，原本可能是写了 7～8 行相同的语法，合在一起后就只要短短的一小行，怎么看都让人心旷神怡啊。

语法：

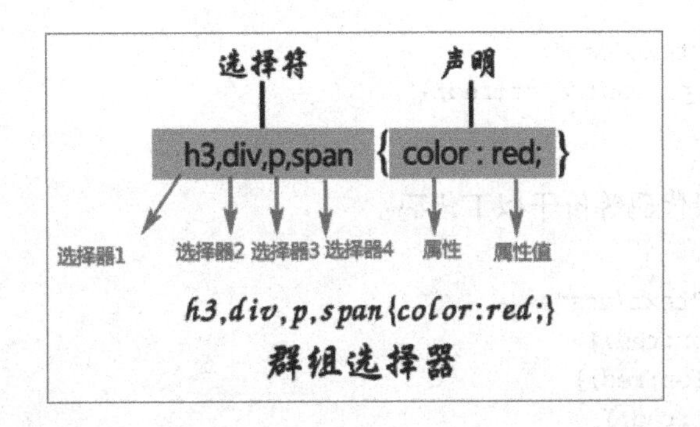

说明：

对于群组选择器，两个选择器之间必须用“,”（英文逗号）隔开，不然群组选择器无法生效。

举例：

```
<!DOCTYPE html>
<html xmlns="http://www.w3.org/1999/xhtml">
<head>
      <title></title>
      <style type="text/css">
          h3,div,p,span{color:red;}
      </style>
</head>
<body>
      <h3> 绿叶学习网 </h3>
      <div> 绿叶学习网 </div>
      <p> 绿叶学习网 </p>
```

```
        <span>绿叶学习网</span>
</body>
</html>
```

在浏览器预览效果如图 13-9。

绿叶学习网

绿叶学习网

绿叶学习网

绿叶学习网

图 13-9 群组选择器

分析：

“h3,div,p,span{color:red;}”表示选中所有的 h3 元素、div 元素、p 元素和 span 元素，然后设置这些元素的字体颜色为 red。

```
<style type="text/css">
      h3,div,p,span{color:red;}
</style>
```

其实上面这段代码等价于以下代码：

```
<style type="text/css">
      h3{color:red;}
      div{color:red;}
      p{color:red;}
      span{color:red;}
</style>
```

现在大家知道使用群组选择器的效率有多高了吧！

这一章介绍的 CSS 选择器的使用频率，占所有选择器的 80% 以上。这几个选择器对初学者来说已经完全够用了。所以大家现在不用急于学习其他的选择器，否则容易会产生混淆。对于剩下的选择器的使用方法和技巧，我们将在绿叶学习网“CSS 进阶教程”详细给大家讲解，敬请大家关注！

第 14 章

字体样式

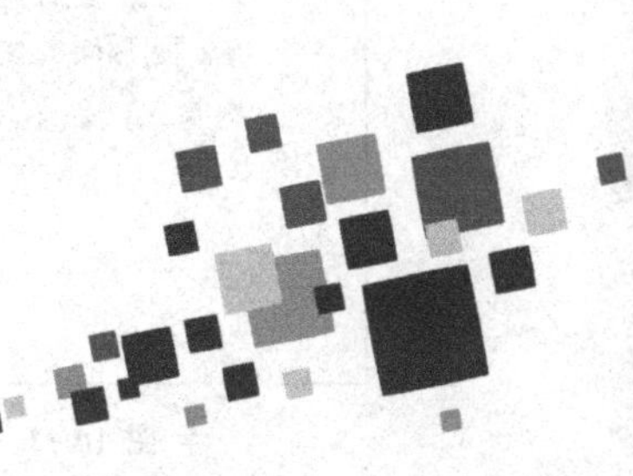

14.1 字体样式简介

在网页开发中，最先考虑的就是页面的文字样式属性。文字样式属性往往包括字体、大小、粗细、颜色等。

在字体样式学习之前，我们先来看一下最常用的 Microsoft Word 对于文字的样式都有哪些设置?

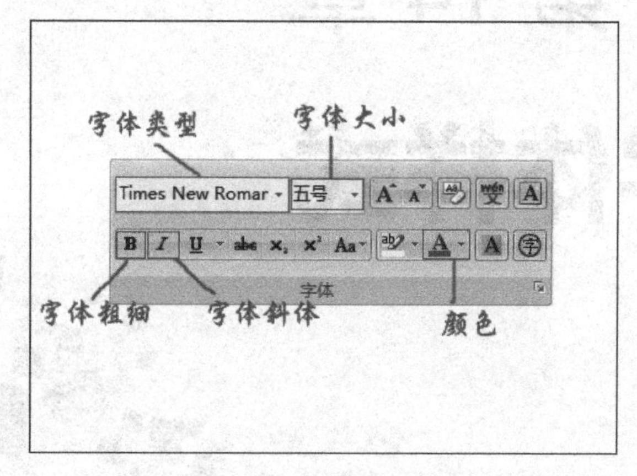

图 14-1 word 中的文字样式

通过这个图，我们可以很直观地知道在“字体样式”这一章究竟要学习哪些属性了。下划线、删除线、缩进这些是属于“文本样式”，我们将在下一章详细讲解。

CSS 字体样式属性

属性值	说明
font-family	字体类型
font-size	字体大小
font-weight	字体粗细
font-style	字体斜体
color	颜色

除了颜色，其他文字属性都是以“font”前缀开头。font 就是“字体”的意思，字体大小就是“font-size”，字体粗细就是“font-weight”，等等。根据属性的英文意思去记忆，非常方便。

接下来的章节中，我们会一一详细讲解 CSS 字体样式的各个属性。

14.2 字体类型 font-family

字体，我们经常见到，在 Word 的使用中，我们往往会使用不同的字体，例如宋体、微软雅黑等。在 CSS 中，使用 font-family 属性来定义字体类型。

语法：

```
font-family：字体1，字体2，字体3;
```

说明：

font-family 可指定多种字体，多个字体将按优先顺序排列，以逗号隔开，注意逗号一定要是英文逗号。

举例：

```
<!DOCTYPE html>
<html xmlns="http://www.w3.org/1999/xhtml">
<head>
    <title>字体类型 font-family</title>
    <style type="text/css">
        #p1{font-family:宋体;}
        #p2{font-family:微软雅黑;}
    </style>
</head>
<body>
    <p id="p1">字体为宋体</p>
    <p id="p2">字体为微软雅黑</p>
</body>
</html>
```

字体为宋体
字体为微软雅黑

图 14-2 font-family 属性实例（1）

在浏览器预览效果如图 14-2。

举例：

```
<!DOCTYPE html>
<html xmlns="http://www.w3.org/1999/xhtml">
<head>
    <title>字体类型 font-family</title>
    <style type="text/css">
        p{font-family: 微软雅黑 ,Arial,Times New Roman;}
    </style>
</head>
<body>
    <p>绿叶学习网，让这里的一切成为衬托你成功的绿叶。</p>
</body>
</html>
```

在浏览器预览效果如图 14-3。

绿叶学习网，让这里的一切成为衬托你成功的绿叶。

图 14-3 font-family 属性实例（2）

说明：

对于“p{font-family: 微软雅黑 , 宋体 ,Times New Roman;}”这句代码，初学者可能会觉得很疑惑。为什么要为元素同时定义多个字体呢？

其实原因是这样的：每个人的电脑装的字体都不一样，我们定义“p{font-family: 微软雅黑,Arial,Times New Roman;}”这句的意思是，p 元素优先用“微软雅黑”字体来显示，如果你的电脑没有装“微软雅黑”这个字体，那接着就用“Arial”字体来显示，如果也没有装“Arial”字体，接着就用“Times New Roman”字体来显示，以此类推。

否则，只定义“p{font-family: 微软雅黑 ;}”的话，如果你的电脑没有装“微软雅黑”字体，p 元素就直接用浏览器默认的“宋体”字体来显示了。这跟预期效果有很大出入。

默认情况下，浏览器的字体是宋体。中文字体常用的有宋体、微软雅黑；

英文字体比较常用的是 Times New Roman、Arial。

14.3 字体大小 font-size

在 CSS 中，我们可以使用 font-size 属性来定义字体大小。

语法：

font-size：关键字 / 像素值；

说明：

font-size 的属性值可以有两种方式：使用关键字和使用 px 作为单位的数值。

1. 采用关键字为单位

font-size 属性取值

属性值	说明
xx-small	最小
x-small	较小
small	小
medium	默认值，正常
large	大
x-large	较大
xx-large	最大

这些 font-size 属性值都是相对浏览器默认情况下的字体大小而言。对于这些属性值，我们完全不需要记忆，大家要清楚这一点。因为我们在实际开发中，很少使用这种方式来定义字体大小，一般都是采用像素等作为单位的数值。在这里之所以给大家讲一下采用关键字为单位的方式，就是让大家了解一下，以免以后看不懂别人写的代码。

举例：

```
<!DOCTYPE html>
<html xmlns="http://www.w3.org/1999/xhtml">
<head>
    <title>font-size 属性 </title>
    <style type="text/css">
        #p1{font-size:small;}
        #p2{ font-size:medium;}
        #p3{ font-size:large;}
    </style>
</head>
<body>
    <p id="p1"> 字体大小为“small（小）” </p>
    <p id="p2"> 字体大小为“medium（正常）” </p>
    <p id="p3"> 字体大小为“large（大）” </p>
</body>
</html>
```

在浏览器预览效果如图 14-4。

字体大小为“small（小）”
字体大小为“medium（正常）”
字体大小为“large（大）”

图 14-4 font-size 以关键字为单位

2. 采用 px 为单位

在中国的主流网站如百度、新浪、网易等中，大部分都是采用 px 为单位。

（1）什么叫 px？

px，全称“pixel”（像素）。px 就是一张图片中最小的点，或者是计算机屏幕最小的点。

举个例子，下面有一个新浪图标，如图 14-5。将这个图标放大 n 倍后如图 14-6。

图 14-5 新浪图标（原图）

图 14-6 新浪图标（放大 n 倍）

你会发现，原来一张图片是由很多的小方点组成的，每一个小方点其实就是我们常常所说的一个像素（px）。一台计算机的分辨率为 800px×600px 指的就是"计算机宽是 800 个小方点，高是 600 个小方点"。

px 是一个相对单位，它是相对显示器屏幕分辨率而言的。例如 Windows 系统的分辨率为每英寸 96px，Mac 系统的分辨率为每英寸 72px。

对于初学者来说，可以将 1px 看成一个小点，多少 px 就可以看成有多少个小点组成。我们经过 CSS 入门的锤炼，很快就能掌握像素 px 这个概念了。

举例：

```
<!DOCTYPE html>
<html xmlns="http://www.w3.org/1999/xhtml">
<head>
    <title>font-size 属性 </title>
    <style type="text/css">
        #p1{font-size:10px;}
        #p2{ font-size: 15px; }
        #p3{ font-size:20px;}
    </style>
</head>
<body>
    <p id="p1"> 字体大小为 10px</p>
    <p id="p2"> 字体大小为 15px</p>
    <p id="p3"> 字体大小为 20px</p>
</body>
</html>
```

在浏览器预览效果如图 14-7。

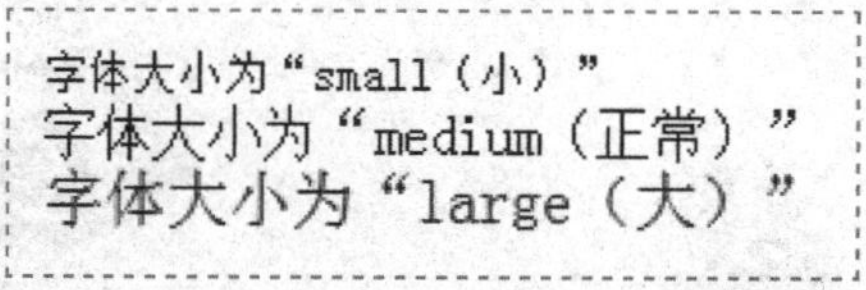

字体大小为“small（小）”
字体大小为“medium（正常）”
字体大小为“large（大）”

图 14-7 font-size 以 px 为单位

分析：

稍微了解过 CSS 的朋友都会觉察到，font-size 的单位不仅仅只有 px，还有 em、百分比，等等。对于初学者来说，我们仅仅掌握以 px 单位就行了，如果讲解太多，会导致记忆混乱。

如果有一定基础，想更深入的了解 CSS 单位，请关注绿叶学习网的 CSS 进阶教程。

14.4 字体颜色 color

在 CSS 中，我们可以使用 color 属性来定义字体颜色。

语法：

```
color: 颜色值；
```

说明：

颜色值是一个关键字或一个 16 进制的 RGB 值。

1. color 属性使用关键字

关键字指的就是颜色的英文名称，如 red、blue、green 等。

在 Visual Studio 或其他开发工具都出现自动提示，你直接点击就可以免输入了。

举例：

```
<!DOCTYPE html>
<html  xmlns="http://www.w3.org/1999/
xhtml">
<head>
      <title>color 属性</title>
      <style type="text/css">
          #p1{color:gray;}
          #p2{color:orange;}
          #p3{color:red;}
      </style>
</head>
<body>
      <p id="p1">字体颜色为灰色</p>
      <p id="p2">字体颜色为橙色</p>
      <p id="p3">字体颜色为红色</p>
</body>
</html>
```

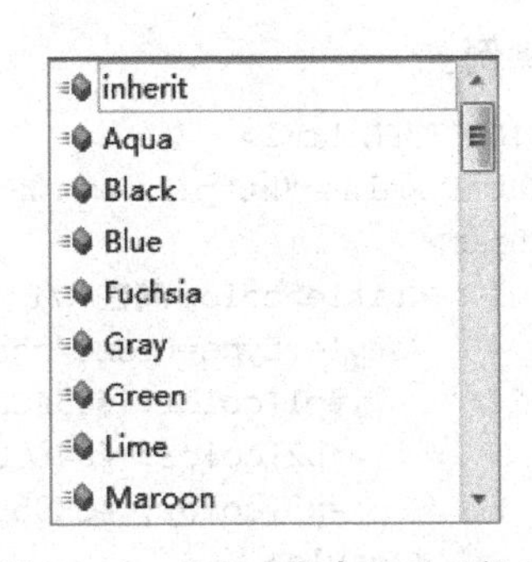

图 14-8 开发工具中的代码提示

字体颜色为灰色
字体颜色为橙色
字体颜色为红色

图 14-9 color 属性取值为关键字

在浏览器预览效果如图 14-9。

2. color 属性使用 16 进制 RGB

color 属性值还可以使用 16 进制 RGB。所谓的 16 进制 RGB 值指的就是类似“#FBF9D0”这种形式的值，学过 Photoshop 的朋友可能比较熟悉这样的数值。

那 16 进制 RGB 值是怎样来的呢？怎样才能取到我们想要的颜色值呢？很多教程往往都会跳过这一步，为了初学者的方便，我们为大家开发了一个在线调色板。大家可以在绿叶学习网的在线工具栏目中找到。“在线调色板”是一个非常简洁方便的颜色选取工具，最重要的是它的本地存储功能。大家在 CSS 练习或以后整站开发的过程中，当需要大量使用重复的颜色值的时候，在线调色板的颜色库功能就能够给你带来极大的方便。对于这个在线工具，大家稍微摸索一下就会用了。

举例：

```
<!DOCTYPE html>
<html xmlns="http://www.w3.org/1999/xhtml">
<head>
    <title>color 属性 </title>
    <style type="text/css">
        #p1{color: #03FCA1;}
        #p2{color: #048C02;}
        #p3{color: #CE0592;}
    </style>
</head>
<body>
    <p id="p1"> 字体颜色为 #03FCA1</p>
    <p id="p2"> 字体颜色为 #048C02</p>
    <p id="p3"> 字体颜色为 #CE0592</p>
</body>
</html>
```

在浏览器预览效果如图 14-10。

字体颜色为#03FCA1
字体颜色为#048C02
字体颜色为#CE0592

图 14-10　color 取值为 16 进制 RGB

14.5　字体粗细 font-weight

在 CSS 中，我们可以使用 font-weight 属性来定义字体粗细。

初学者要注意，字体粗细和字体大小（font-size）是不一样的，粗细指的是字体的“肥瘦”，大小指的是字体的“高宽”。

语法：

```
font-weight: 粗细值；
```

说明：

font-weight 属性取值有两种：关键字，以及 100 ～ 900 的数值。其中，font-weight 属性值为关键字如下表。

font-weight 属性取值

属性值	说明
normal	默认值，正常体
lighter	较细
bold	较粗
bolder	很粗（其实效果跟 bold 差不多）

字体粗细 font-weight 属性值可以取 100、200、…、900 这个值。400 相当于正常字体 normal，700 相当于 bold。100 ～ 900 分别表示字体的粗细，是对字体粗细的一种量化方式，值越大就表示越粗，值越小就表示越细。

对于中文网页来说，一般仅用到 bold、normal 这两个属性值，不建议使用数值（100 ～ 900）作为 font-weight 属性值。

举例：

```
<!DOCTYPE html>
<html xmlns="http://www.w3.org/1999/xhtml">
<head>
    <title>font-weight 属性 </title>
    <style type="text/css">
        #p1{font-weight:lighter;}
        #p2{font-weight:normal;}
        #p3{font-weight:bold;}
        #p4{font-weight:bolder;}
    </style>
</head>
<body>
    <p id="p1">字体粗细为 :lighter</p>
    <p id="p2">字体粗细为 :normal（正常字体）</p>
    <p id="p3">字体粗细为 :bold</p>
    <p id="p4">字体粗细为 :bolder </p>
```

```
</body>
</html>
```

在浏览器预览效果如图 14-11。

字体粗细为:lighter
字体粗细为:normal(正常字体)
字体粗细为:bold
字体粗细为:bolder

图 14-11 font-weight 属性取值为关键字

举例:

```
<!DOCTYPE html>
<html xmlns="http://www.w3.org/1999/
xhtml">
<head>
    <title>font-weight 属性 </title>
    <style type="text/css">
        #p1{font-weight:100;}
        #p2{font-weight:400;}
        #p3{font-weight:700;}
        #p4{font-weight:900;}
    </style>
</head>
<body>
    <p id="p1"> 字体粗细为 :100</p>
    <p id="p2"> 字体粗细为 :400(normal) </p>
    <p id="p3"> 字体粗细为 :700(bold)</p>
    <p id="p4"> 字体粗细为 :900</p>
</body>
</html>
```

在浏览器预览效果如图 14-12。

字体粗细为:100
字体粗细为:400(normal)
字体粗细为:700(bold)
字体粗细为:900

图 14-12 font-weight 属性取值为 100 ～ 900

14.6 字体斜体 font-style

在 CSS 中，我们可以使用 font-style 属性来定义字体倾斜效果。

语法：

```
font-style: 取值 ;
```

说明：

font-style 属性的取值如下表。

font-style 属性取值

属性值	说明
normal	默认值，正常体
italic	斜体，这是一个属性
oblique	将字体倾斜，将没有斜体变量（italic）的特殊字体，要应用 oblique

举例：

```
<!DOCTYPE html>
<html xmlns="http://www.w3.org/1999/xhtml">
<head>
      <title>font-style 属性 </title>
      <style type="text/css">
          #p1{font-style:normal;}
          #p2{font-style:italic;}
          #p3{font-style:oblique;}
      </style>
</head>
<body>
      <p id="p1"> 字体样式为 normal</p>
      <p id="p2"> 字体样式为 italic </p>
      <p id="p3"> 字体样式为 oblique</p>
</body>
</html>
```

字体样式为normal
字体样式为italic
字体样式为oblique

图 14-13 font-style 属性

在浏览器预览效果如图 14-13。

分析：

从上面例子我们可以看出，font-style 属性值为 italic 或 oblique 时，在浏览器预览的效果是一样的！那这两者究竟有什么区别呢？

从预览效果我们看不出有什么区别，其实从表中的定义就可以看出了：italic 是字体的一个属性，也就是说并非所有字体都有这个 italic 属性，对于没有 italic 属性的字体，可以使用 oblique 将该字体进行倾斜设置。

一般字体有粗体、斜体、下划线、删除线等属性，但是并不是所有的字体都有这些属性。一些不常用的字体，或许就只有个正常体，如果你用 italic 发现字体没有斜体效果，这个时候你就要用 oblique。

可以这样理解：有些文字有斜体属性，也有些文字没有斜体属性。italic 是使用文字的斜体，oblique 是让没有斜体属性的文字倾斜。

14.7 CSS 注释

跟 HTML 一样，为了代码方便理解、查找或者以后你对自己代码进行修改，我们经常要在 CSS 中一些关键代码旁做一下注释。

语法：

```
/* 注释的内容 */
```

说明：

“/*” 表示注释的开始，“*/” 表示注释的结束。

在这里需要注意一下 HTML 注释和 CSS 注释方式的不同，大家不要搞混了。对于 HTML 注释，大家可以回去查看对比一下。

举例：

```
<!DOCTYPE html>
<html xmlns="http://www.w3.org/1999/xhtml">
<head>
    <title>CSS 注释 </title>
    <style type="text/css">
        /* 使用元素选择器，定义所有 p 元素属性 */
```

```
        p
        {
            font-family:微软雅黑;      /*字体类型为微软雅黑*/
            font-size:15px;           /*字体大小为15px*/
            color: #E17508;           /*字体颜色为#E17508*/
            font-weight:bold;         /*字体粗细为bold*/
        }
        /*使用id选择器，定义个别样式*/
        #p2
        {
            color:red;                /*字体颜色为red*/
        }
    </style>
</head>
<body>
    <p id="p1">HTML控制网页的结构</p>
    <p id="p2">CSS控制网页的外观</p>
    <p id="p3">JavaScript控制网页的行为</p>
</body>
</html>
```

在浏览器预览效果如图 14-14。

HTML控制网页结构
CSS控制网页的外观
JavaScript控制网页的行为

图 14-14　CSS 注释

分析：

在这个例子中，我们使用的是“元素选择器”和“id 选择器”。元素选择器能把所有同类的元素选中并进行 CSS 样式的设置；而 id 选择器能针对某一个元素进行 CSS 样式设置。

在这里，我们又给大家穿插了一个小技巧。浏览器解释 CSS 是有一定顺序的，如果对某一个元素先后都定义了同一个属性，在浏览器中以“后定义的那个属性值”为准。例如上面例子就是这样，id 为 p2 的 p 元素在元素选择器已经定义了一次“color: #E17508;”，在 id 选择器又定义了一次“color: red;”，因此“后定义的 color 值”就会覆盖“前定义的 color 值”，浏览器显示的效果就是红色了。

在本书中，对于有些难独立成章节的小技巧，我们会穿插到各个章节中去，很多都是在别的教程没办法学到的，或者说在别的教程没有那么多。

大家别忘了平常要积累一下喔。

14.8 本章总结

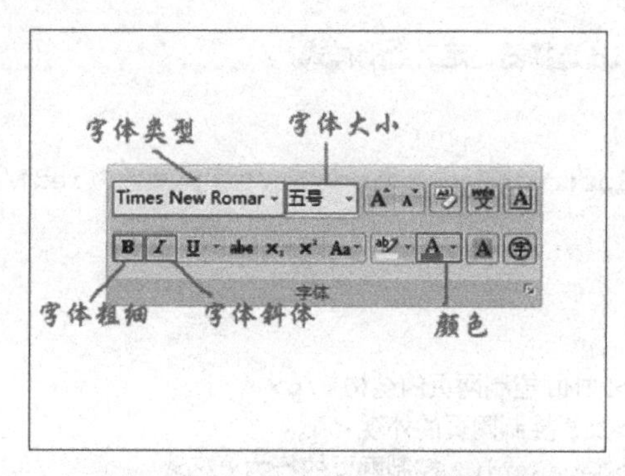

图 14-15 word 中的文本样式

大家可以对着这张图，来想一下相应的 CSS 字体属性叫什么。

CSS 字体属性

属性	说明
font-family	字体类型
font-size	字体大小
font-weight	字体粗细
font-style	字体斜体
color	颜色

1. 字体类型 font-family

语法：

```
font-family: 字体名 ;
```

说明：

字体名指的是“微软雅黑”、“宋体”、“Times New Roman” 等。例如“font-family:calibri;”。

2. 字体大小 font-size

语法：

```
font-size: 像素值;
```

说明：

初学者尽量使用像素来作为单位，因此我们不会在初学者阶段介绍太多的其他单位，比如百分比、em 等。例如："font-size:15px;"。

3. 字体颜色 color

语法：

```
color: 关键字 / 颜色值;
```

说明：

color 共有两种取值，一种是关键字取值，例如"color:red;"；另外一种是十六进制颜色值，例如"color:#F1F1F1;"。对于十六进制颜色值，我们可以使用绿叶学习网的"在线调色板"选取你喜欢的颜色。例如"color:blue;"。

4. 字体粗细 font-weight

语法：

```
font-weight: 取值;
```

说明：

对于中文网页来说，font-weight 属性一般仅用到 bold、normal 这两个属性值。粗细值不建议使用数值（100～900）。例如"font-weight:bold;"。

5. 字体斜体 font-style

在 CSS 中，使用 font-style 属性来定义字体倾斜效果。

语法：

```
font-style: 取值;
```

说明：

font-style 属性的取值如下表。

font-style 属性取值	
属性值	说明
normal	默认值，正常体
italic	斜体，这是一个属性
oblique	将字体倾斜，将没有斜体变量（italic）的特殊字体，要应用 oblique

举例：“font-style:italic;”。

6. CSS 注释

语法：

/* 注释的内容 */

说明：

“/*”表示注释的开始，“*/”表示注释的结束。

大家在这一章的学习中，可能都能感觉到本书的不同之处了。在这个 CSS 入门教程中，我们会根据实际应用在各个章节给大家穿插各种小技巧。更重要的是，我们会告诉读者哪些属性值该记忆，哪些压根儿用不上，这样大大提高了读者的学习效率。因为作者我嘛，曾经深受其害，当初学习都是一头扎进去，什么都学，过一段时间又忘记，然后又接着回去复习。到最后自己大量实践的时候，发现很多记忆的知识点都用不上，浪费了不少脑细胞。希望笔者的这些心血与经验，能够换取大家的时间。生命是短暂的，由不得我们奢侈地挥霍。

第 15 章

文本样式

15.1 文本样式简介

在上一章我们学习了字体样式，这一章我们将学习文本样式。

字体样式跟文本样式为什么要区分呢？字体样式主要涉及字体本身的型体效果，而文本样式主要涉及多个文字的排版效果，即整个段落的排版效果。字体样式注重个体，文本样式注重整体。所以 CSS 在命名时，特意使用了 font 前缀和 text 前缀来区分两类不同性质的属性。大家弄清楚这一点，在以后写 CSS 样式时，就很容易想起哪些是文字样式，哪些是段落样式，写 CSS 的思路如此清晰！

CSS 文本属性

属性	说明
text-decoration	下划线、删除线、顶划线
text-transform	文本大小写
font-variant	将英文文本转换为“小型”大写字母
text-indent	段落首行缩进
text-align	文本水平对齐方式
line-height	行高
letter-spacing	字距
word-spacing	词距

接下来，我们一一详细介绍这些文本样式属性。

15.2 下划线、删除线和顶划线 text-decoration

15.2.1 text-decoration 属性

在 CSS 中，使用 text-decoration 属性来定义段落文本的下划线、删除线和顶划线。

语法：

```
text-decoration: 属性值;
```

说明：

text-decoration 属性取值如下表。

text-decoration 属性取值

属性值	说明
none	默认值，可以用这个属性值也可以去掉已经有下划线或删除线或顶划线的样式
underline	下划线
line-through	删除线
overline	顶划线

举例：

```
<!DOCTYPE html>
<html xmlns="http://www.w3.org/1999/xhtml">
<head>
    <title>text-decoration 属性 </title>
    <style type="text/css">
        #p1{text-decoration:underline;}
        #p2{text-decoration:line-through;}
        #p3{text-decoration:overline;}
    </style>
</head>
<body>
    <p id="p1">这是“下划线”效果</p>
    <p id="p2">这是“删除线”效果</p>
    <p id="p3">这是“顶划线”效果</p>
</body>
</html>
```

在浏览器预览效果如图 15-1。

这是“下划线”效果

这是“删除线”效果

这是“顶划线”效果

图 15-1 text-decoration 属性

分析：

我们在HTML学习中，知道删除线用s标签，下划线用u标签。现在我们学习了text-decoration属性之后，这些效果都应该用CSS来定义。

记住，在前端开发中，对于样式一般用CSS来定义，不建议使用标签来定义。也就是说，s标签和u标签应该尘封在记忆中了。

我们知道a标签默认的样式具有下划线，例如"<a href="http://www.lvyestudy.com">绿叶学习网</a>"这句代码在浏览器预览效果如图15-2。

绿叶学习网

图15-2 a标签默认的下划线效果

那如何去除a标签默认样式中的下划线呢？"text-decoration:none"这个属性值就可以派上用场了。

举例：

```
<!DOCTYPE html>
<html xmlns="http://www.w3.org/1999/xhtml">
<head>
    <title>text-decoration 属性</title>
    <style type="text/css">
        a{text-decoration:none;}
    </style>
</head>
<body>
    <a href="http://www.lvyestudy.com">绿叶学习网</a>
</body>
</html>
```

在浏览器预览效果如图15-3。

绿叶学习网

图15-3 去除a标签下划线

分析：

“text-decoration:none” 这个属性值 99% 都是用于去除 a 标签的默认样式。在实际开发中，绝大多数网站的超链接极少使用默认样式。因为超链接默认带有下划线等样式，实在是丑。用 “text-decoration:none” 去除超链接下划线，这是一个非常重要的开发技巧，大家一定要认真记住，以后会有大把机会接触。

15.2.2 下划线、删除线和顶划线的用途分析

1. 下划线

下划线在网页设计中，一般用于文章的重点标明。

2. 删除线

删除线出现在各大电商网站中，一般用于促销。

图 15-4 删除线用途

3. 顶划线

说真的，我还真的没见过什么网页用过顶划线。大家果断放弃 "text-decoration:overline;" 这个属性值吧。

15.3 文本大小写 text-transform

在 CSS 中，我们可以使用 text-transform 属性来转换文本的大小写，这个是针对英文而言，因为中文不存在大小写之分。

语法：

text-transform: 属性值 ;

说明：

text-transform 属性取值如下表。

text-transform 属性

属性值	说明
none	默认值，无转换发生
uppercase	转换成大写
lowercase	转换成小写
capitalize	将每个英文单词的首字母转换成大写，其余无转换发生

举例：

```
<!DOCTYPE html>
<html xmlns="http://www.w3.org/1999/xhtml">
<head>
    <title>text-transform 属性 </title>
    <style type="text/css">
        #p1{text-transform:uppercase;}
        #p2{text-transform:lowercase;}
        #p3{text-transform:capitalize;}
    </style>
</head>
<body>
    <p id="p1"> 大写 :Rome was't built in a day.</p>
```

```
    <p id="p2">小写 :Rome was't built in a day.</p>
    <p id="p3">仅首字母大写 : Rome was't built in a day.</p>
</body>
</html>
```

在浏览器预览效果如图 15-5。

```
大写:ROME WAS'T BUILT IN A DAY.
小写:rome was't built in a day.
仅首字母大写: Rome Was't Built In A Day.
```

图 15-5 text-transform 属性

15.4 font-variant 属性

在 CSS 中，使用 font-variant 属性只有一个作用：把文本设置成小型大写字母。font-variant 属性也是针对英文而言，因为中文不存在大小写之分。

语法：

```
font-variant : normal/small-caps;
```

说明：

font-variant 属性取值如下表。

font-variant 属性取值

属性值	说明
normal	默认值，正常效果
small-caps	小型大写字母的字体

举例：

```
<!DOCTYPE html>
<html xmlns="http://www.w3.org/1999/xhtml">
<head>
    <title>font-variant 属性</title>
    <style type="text/css">
```

```
        #p1{font-variant:normal;}
        #p2{font-variant:small-caps;}
    </style>
</head>
<body>
    <p id="p1">font-variant 属性值为 normal（正常效果）</p>
    <p id="p2"> font-variant 属性值为 small-caps（小型大写字母）</p>
</body>
</html>
```

在浏览器预览效果如图 15-6。

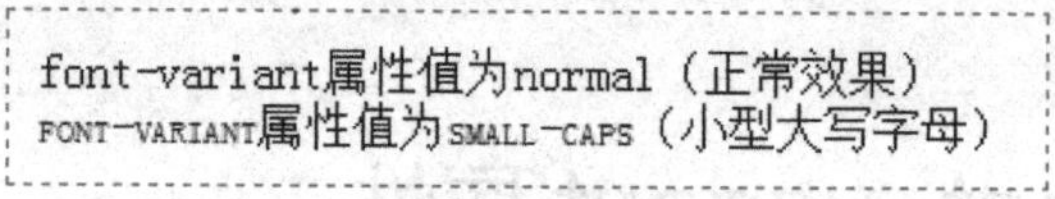

font-variant属性值为normal（正常效果）
FONT-VARIANT属性值为SMALL-CAPS（小型大写字母）

图 15-6 font-variant 属性

分析：

font-variant 属性在英文国家还可能见得到，但是在我们中文网页中是极少用到的。对于英文的大小写转换，我们用的是 text-transform 属性，而不是用 font-variant 属性。

【疑问】

text-transform 和 font-variant 这两者区别是什么？

font-variant 唯一的作用就是把英文文本转换成小型大写字母文本，记住这是"小型"的喔，一般情况下极少用到 font-variant 属性。对于英文的大小写转换，我们用的都是 text-transform 属性，而不是用 font-variant 属性。

15.5 首行缩进 text-indent

我们都知道 p 标签的首行是不会缩进的，在学习 HTML 的时候，我们都是使用 4 个“ ”来缩进首行文本，让段落排版更为规范一些。但是这样的话，冗余代码就会很多。

在 CSS 中，我们可以使用 text-indent 属性来定义段落的首行缩进。

语法：

```
text-indent: 像素值；
```

说明：

在 CSS 入门中，我们建议大家都是以像素作为单位，在 CSS 进阶的时候再去学习更多的 CSS 单位。

举例：

```
<!DOCTYPE html>
<html xmlns="http://www.w3.org/1999/xhtml">
<head>
    <title>text-indent 属性 </title>
    <style type="text/css">
        p
        {
            font-size:14px;
            text-indent:28px;
        }
    </style>
</head>
<body>
    <h3> 爱莲说 </h3>
     <p> 水陆草木之花，可爱者甚蕃。晋陶渊明独爱菊。自李唐来，世人甚爱牡丹。予独爱莲之出淤泥而不染，濯清涟而不妖，中通外直，不蔓不枝，香远益清，亭亭净植，可远观而不可亵玩焉。</p>
     <p> 予谓菊，花之隐逸者也；牡丹，花之富贵者也；莲，花之君子者也。噫！菊之爱，陶后鲜有闻；莲之爱，同予者何人 ？ 牡丹之爱，宜乎众矣。</p>
</body>
</html>
```

在浏览器预览效果如图 15-7。

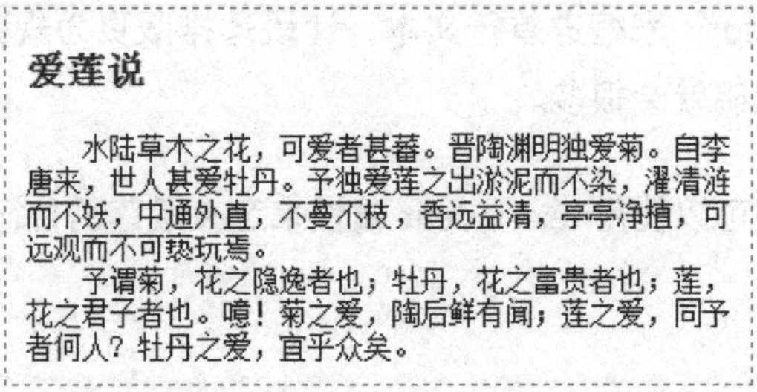

图 15-7 text-indent 属性实现首行缩进

分析：

我们都知道，段落首行缩进的是两个字的间距，如果要实现这个效果，text-indent 的属性值应该是字体 font-size 属性值的两倍，大家琢磨一下（参考本例）就知道了。这是一个小技巧，大家以后应该会经常用得到。

15.6 文本水平对齐 text-align

在 CSS 中，使用 text-align 属性控制文本的水平方向的对齐方式：左对齐、居中对齐、右对齐。

语法：

```
text-align: 属性值；
```

说明：

text-align 属性取值如下表。

text-align 属性取值

属性值	说明
left	默认值，左对齐
center	居中对齐
right	右对齐

text-align 属性只能针对文本文字和 img 标签，对其他标签无效。记住，

text-align 属性不仅对文本文字有效，对 img 标签也有效！对于图片的水平对齐，我们在后面的第 19 章“图片样式”会给大家详细讲解。

举例：

```
<!DOCTYPE html>
<html xmlns="http://www.w3.org/1999/xhtml">
<head>
    <title>text-align 属性</title>
    <style type="text/css">
        #p1{text-align:left;}
        #p2{text-align:center;}
        #p3{text-align:right;}
    </style>
</head>
<body>
    <p id="p1"><strong>左对齐</strong>:好好学习，天天向上。</p>
    <p id="p2"><strong>居中对齐</strong>:好好学习，天天向上。</p>
    <p id="p3"><strong>右对齐</strong>:好好学习，天天向上。</p>
</body>
</html>
```

在浏览器预览效果如图 15-8。

左对齐:好好学习，天天向上。

居中对齐:好好学习，天天向上。

右对齐:好好学习，天天向上。

图 15-8 文本水平对齐

15.7 行高 line-height

在 CSS 中，我们可以使用 line-height 属性来控制文本的行高。

很多书本上称 line-height 为行间距，这是不严谨的叫法。行高，顾名思义就是“一行的高度”，而行间距指的是“两行文本之间的距离”，大家稍微想一下就知道这是两个不一样的概念。

在我还是初学者的时候，也搞不懂 line-height 究竟指的是怎样的一个概念。后来经过多方参考才真正了解 line-height。对于 CSS 初学者，大家记住一点就行了：line-height 指的是行高，而不是行间距。

line-height 涉及的理论知识非常多，这一节我们只是简单介绍一下 line-height 属性。对于更加深入的知识，可以关注绿叶学习网的 CSS 进阶教程。

语法：

```
line-height:像素值；
```

说明：

在 CSS 入门阶段中，我们都是采用像素做单位。

举例：

```
<!DOCTYPE html>
<html xmlns="http://www.w3.org/1999/xhtml">
<head>
    <title>line-height 属性 </title>
    <style type="text/css">
        #p1{line-height:14px;}
        #p2{line-height:18px;}
        #p3{line-height:20px;}
    </style>
</head>
<body>
    <p id="p1"> 水陆草木之花，可爱者甚蕃。晋陶渊明独爱菊。自李唐来，世人甚爱牡丹。予独爱莲之出淤泥而不染，濯清涟而不妖，中通外直，不蔓不枝，香远益清，亭亭净植，可远观而不可亵玩焉。</p><hr/>
    <p id="p2"> 水陆草木之花，可爱者甚蕃。晋陶渊明独爱菊。自李唐来，世人甚爱牡丹。予独爱莲之出淤泥而不染，濯清涟而不妖，中通外直，不蔓不枝，香远益清，亭亭净植，可远观而不可亵玩焉。</p><hr/>
    <p id="p3"> 水陆草木之花，可爱者甚蕃。晋陶渊明独爱菊。自李唐来，世人甚爱牡丹。予独爱莲之出淤泥而不染，濯清涟而不妖，中通外直，不蔓不枝，香远益清，亭亭净植，可远观而不可亵玩焉。</p>
</body>
</html>
```

在浏览器预览效果如图 15-9。

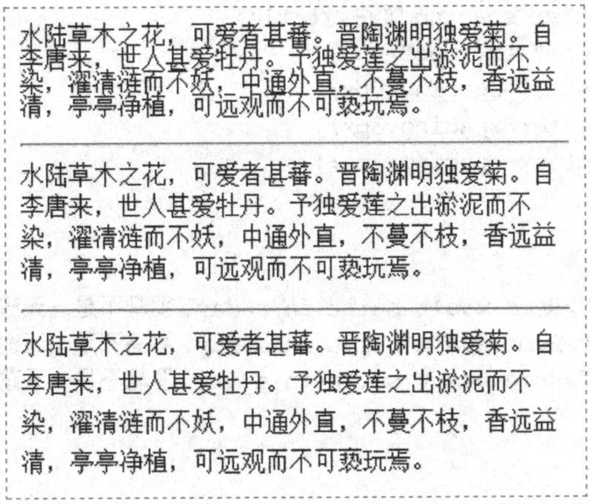

水陆草木之花，可爱者甚蕃。晋陶渊明独爱菊。自李唐来，世人甚爱牡丹。予独爱莲之出淤泥而不染，濯清涟而不妖，中通外直，不蔓不枝，香远益清，亭亭净植，可远观而不可亵玩焉。

水陆草木之花，可爱者甚蕃。晋陶渊明独爱菊。自李唐来，世人甚爱牡丹。予独爱莲之出淤泥而不染，濯清涟而不妖，中通外直，不蔓不枝，香远益清，亭亭净植，可远观而不可亵玩焉。

水陆草木之花，可爱者甚蕃。晋陶渊明独爱菊。自李唐来，世人甚爱牡丹。予独爱莲之出淤泥而不染，濯清涟而不妖，中通外直，不蔓不枝，香远益清，亭亭净植，可远观而不可亵玩焉。

图 15-9 line-height 属性

15.8 字母间距 letter-spacing 和词间距 word-spacing

在 CSS 中，我们可以使用 letter-spacing 属性定义字间距，使用 word-spacing 属性定义词间距。

15.8.1 letter-spacing 属性

语法：

```
letter-spacing: 像素值 ;
```

说明：

letter，指的是“字母”的意思。letter-spacing 属性用于定义“字母间距”。在 CSS 入门学习中，我们都是采用像素做单位。

举例：

```
<!DOCTYPE html>
<html xmlns="http://www.w3.org/1999/xhtml">
<head>
```

```
        <title>letter-spacing 属性 </title>
        <style type="text/css">
            #p1{letter-spacing:0px;}
            #p2{letter-spacing:3px;}
            #p3{letter-spacing:5px;}
        </style>
</head>
<body>
        <p id="p1">Rome was't built in a day. 罗马不是一天建成的。</p><hr/>
        <p id="p2">Rome was't built in a day. 罗马不是一天建成的。</p><hr/>
        <p id="p3">Rome was't built in a day. 罗马不是一天建成的。</p>
</body>
</html>
```

在浏览器预览效果如图 15-10。

Rome was't built in a day.罗马不是一天建成的。

R o m e w a s ' t b u i l t i n a d a y . 罗 马 不 是 一 天 建 成 的 。

R o m e   w a s ' t   b u i l t   i n   a   d a y . 罗 马 不 是 一 天 建 成 的 。

图 15-10　字母间距 letter-spacing 属性

分析：

letter-spacing 控制的是字间距，每一个中文文字作为一个“字”，而每一个英文字母也作为一个“字”！大家要细心留意一下。

一般情况下，letter-spacing 属性我们几乎都用不上。对于这个属性，我们都用不着设置。大家可以忽略掉这个属性。

15.8.2 word-spacing 属性

语法：

```
word-spacing: 像素值 ;
```

说明：

word，指的是“单词”的意思。word-spacing 属性用于定义单词之间的距离。在 CSS 入门学习中，我们都是采用像素做单位。

举例：

```
<!DOCTYPE html>
<html xmlns="http://www.w3.org/1999/xhtml">
<head>
      <title>word-spacing 属性</title>
      <style type="text/css">
          #p1{word-spacing:0px;}
          #p2{word-spacing:3px;}
          #p3{word-spacing:5px;}
      </style>
</head>
<body>
      <p id="p1">Rome was't built in a day. 罗马不是一天建成的。</p><hr/>
      <p id="p2">Rome was't built in a day. 罗马不是一天建成的。</p><hr/>
      <p id="p3">Rome was't built in a day. 罗马不是一天建成的。</p>
</body>
</html>
```

在浏览器预览效果如图 15-11。

Rome was't built in a day.罗马不是一天建成的。

Rome was't built in a day.罗马不是一天建成的。

Rome was't built in a day.罗马不是一天建成的。

图 15-11 词间距 word-spacing 属性

分析：

定义词间距，以空格为基准进行调节。如果多个单词被连在一起，则被 word-spacing 视为一个单词；如果汉字被空格分隔，则分隔的多个汉字就被视为不同的单词，word-spacing 属性此时有效。

15.9 文本样式总结

在 CSS 中，关于文本样式属性如下。

CSS 文本样式属性

属性	说明
text-decoration	下划线、删除线、顶划线
text-transform	文本大小写
font-variant	将英文文本转换为“小型”大写字母
text-indent	段落首行缩进
text-align	文本水平对齐方式
line-height	行高
letter-spacing	字距
word-spacing	词距

1. text-decoration 属性

在 CSS 中，使用 text-decoration 属性来定义字体下划线、删除线和顶划线。

语法：

```
text-decoration: 属性值;
```

说明：

text-decoration 属性取值如下表。

text-decoration 属性取值

属性值	说明
text-decoration	下划线、删除线、顶划线
none	默认值，可以用这个属性值也可以去掉已经有下划线或删除线或顶划线的样式
underline	下划线
line-through	删除线
overline	顶划线

使用“text-decoration:none”这个属性值可以去除 a 标签的默认样式。

学了 text-decoration 属性之后，我们应该放弃 HTML 中学习到的 s 标签（删除线）和 u 标签（下划线）。

2. text-transform 属性

在 CSS 中，使用 text-transform 属性来转换文本的大小写，这个是针对英文而言，因为中文不存在大小写之分。

语法：

```
text-transform: 属性值；
```

说明：

text-transform 属性取值如下表。

text-transform 属性取值

属性值	说明
none	默认值，无转换发生
uppercase	转换成大写
lowercase	转换成小写
capitalize	将每个英文单词的首字母转换成大写，其余无转换发生

3. font-variant 属性

在 CSS 中，使用 font-variant 属性只有一个作用：把文本设置成小型大写字母，这也是针对英文而言，因为中文不存在大小写之分。

语法：

```
font-variant: 取值；
```

说明：

font-variant 属性取值如下表。

font-variant 属性取值	
属性值	说明
normal	默认值，正常效果
small-caps	小型大写字母的字体

4. text-indent 属性

在 CSS 中，我们可以使用 text-indent 属性来控制段落首行文本的缩进。

语法：

```
text-indent: 像素值 ;
```

说明：

在 CSS 初学阶段，全部都是使用像素做单位，在 CSS 进阶阶段我们会深入讲解其他 CSS 单位

5. text-align 属性

在 CSS 中，使用 text-align 属性控制文本的水平方向的对齐方式：左对齐、居中对齐、右对齐。

语法：

```
text-align: 属性值 ;
```

说明：

text-align 属性取值如下表。

text-align 属性取值	
text-align 属性	说明
left	默认值，左对齐
center	居中对齐
right	右对齐

text-align 属性只能针对文本文字和 <img> 标签，对其他标签无效。

6. line-height 属性

语法：

line-height：像素值；

说明：

line-height 属性指的是行高，而不是行间距。

7. letter-spacing 属性

语法：

letter-spacing：像素值；

说明：

letter-spacing 控制的是字间距，每一个中文文字作为一个“字”，而每一个英文字母也作为一个“字”！大家要细心留意一下。

默认情况下，letter-spacing 我们几乎都用不上，我们直接采用浏览器默认样式就可以了。大家完全可以忽略掉这个属性。

8. word-spacing 属性

语法：

word-spacing：像素值；

说明：

定义词间距，以空格为基准进行调节。如果多个单词被连在一起，则被 word-spacing 视为一个单词；如果汉字被空格分隔，则分隔的多个汉字就被视为不同的单词，word-spacing 属性此时有效。

第 16 章

边框样式

16.1 边框样式简介

在网页中，边框随处可见，任何块元素和行内元素都可以设置边框属性。例如，div 元素可以设置边框，img 元素可以设置边框，table 元素可以设置边框，span 元素同样也可以设置边框。

最新电影	小游戏	小说大全	旅游度假

图 16-1 导航条中的边框（div 元素）

图 16-2 图片中的边框（img 元素）

考试成绩表

小明	80	80	80
小红	90	90	90
小杰	100	100	100

图 16-3 表格中的边框（table 元素）

大家仔细观察上面三张图，试想一下：对于定义一个元素的边框要设置哪几个方面？

我们很容易得到结论，要定义一个元素的边框必须要设置以下三个方面。

① 边框的宽度

② 边框的外观（实线，或者虚线）

③ 边框的颜色

边框的属性	
属性	说明
border-width	边框的宽度
border-style	边框的外观
border-color	边框的颜色

注意，对于一个元素，必须要同时设置 border-width、border-style、border-color 这三个属性，这个元素才会有边框效果。

16.2 整体边框样式

16.2.1 边框的属性

从上一节我们知道，要定义一个元素的边框，必须同时设置边框的宽度 border-width、边框的外观 border-style 和边框的颜色 border-color 这三个属性。

边框的三个属性	
属性	说明
border-width	边框的宽度
border-style	边框的外观
border-color	边框的颜色

1. border-width 属性

语法：

```
border-width: 像素值；
```

说明：

在 CSS 入门学习中，我们都是建议采用像素做单位。

2. border-style 属性

border-style 属性用于设置边框的外观，例如实线边框和虚线边框。

语法：

```
border-style: 属性值；
```

说明：

border-style 属性取值如下。

border-style 属性值（最常用）	
属性值	说明
none	无样式
hidden	与“none”相同。不过应用于表除外。对于表，hidden 用于解决边框冲突
solid	实线
dashed	虚线
dotted	点线
double	双线，双线的宽度等于 border-width 值

从表中我们可以看出，solid、dashed、dotted 和 double 用于定义基本边框样式，从图 16-4 我们可以看出这几个属性值的明显区别。

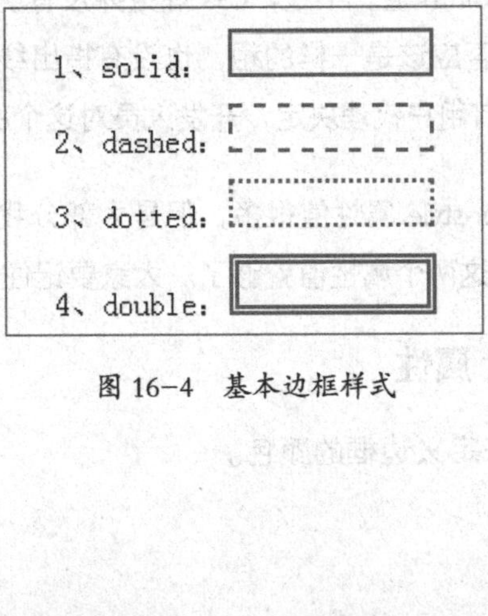

1、solid:
2、dashed:
3、dotted:
4、double:

图 16-4　基本边框样式

border-style 属性值（3D 边框样式）	
属性值	说明
inset	内凹
outset	外凸
ridge	脊线
groove	槽线

inset、outset、ridge 和 groove 是用于定义 3D 边框样式，如果我们将 border-width 定义得比较小时，这几个属性值的效果几乎都一样。但是当 border-width 定义得足够大时，这几个属性值的区别就明显出来了。

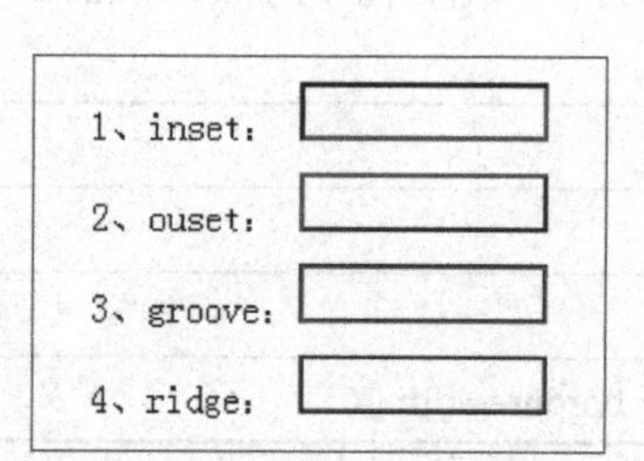

图 16-5 border-width 比较小时的 3D 边框样式（2px）

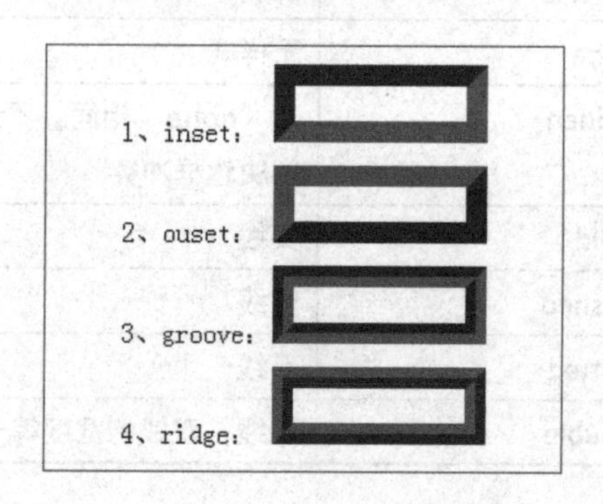

图 16-6 border-width 比较大时的 3D 边框样式（15px）

最不可预测的边框样式是 double。它定义为两条线的宽度再加上这两条线之间的空间等于 border-width 值。不过，CSS 规范并没有说其中一条线是否比另一条粗或者两条线是否应该是一样的粗，也没有指出线之间的空间是否应当比线粗。所有这些都有用户代理决定，开发人员对这个决定没有任何影响。

小伙伴们，虽然 border-style 属性值很多，但是大部分我们都用不上。一般情况下，solid 和 dashed 这两个属性值就够了。大家要记住这一点！

3. border-color 属性

border-color 属性用来定义边框的颜色。

语法：

```
border-color: 颜色值
```

说明：

对于颜色的取值，我们可以使用绿叶学习网的“在线调色板”来获取。

16.2.2 边框实例

```
<!DOCTYPE html>
<html xmlns="http://www.w3.org/1999/xhtml">
<head>
      <title> 边框样式 </title>
      <style type="text/css">
      img
      {
          border-width:1px;
          border-style:solid;
          border-color:Red;
      }
      </style>
</head>
<body>
      <div id="div1">
           <img src="../App_images/lesson/run_cj/
one piece.jpg" alt=""/>
      </div>
</body>
</html>
```

在浏览器预览效果如图 16-7。

图 16-7 边框实例

16.2.3 border 属性简洁写法

定义一个元素的边框必须同时设置三个属性：**border-width**、**border-style** 和 **border-color**。

```
border-width:1px;
border-style:solid;
border-color:Red;
```

这种写法费时费力，导致代码量多。不过在前端开发中，对于 border 属性，我们有一个简洁的写法：

```
border:1px solid Red;
```

这一行代码与之前那一段代码是等效的。

这是一个非常有用的技巧，在真正的开发中，基本都是使用这种简洁写法。刚刚开始可能有点生疏，写多了自然就熟练了。希望大家认真掌握这个技巧。

16.3 局部边框样式

我们都知道边框有上下左右四条边，上一节我们学习的是四条边框的整体样式。那如果我们想要对上下左右这四条边进行单独设置，那该怎么办呢？

在 CSS 中，其实我们可以分别针对上下左右四条边框设置单独的样式，方法如下。

1. 上边框 border-top

```
border-top-width:1px;
border-top-style:solid;
border-top-color:red;
```

简洁写法：**border-top:1px solid red;**

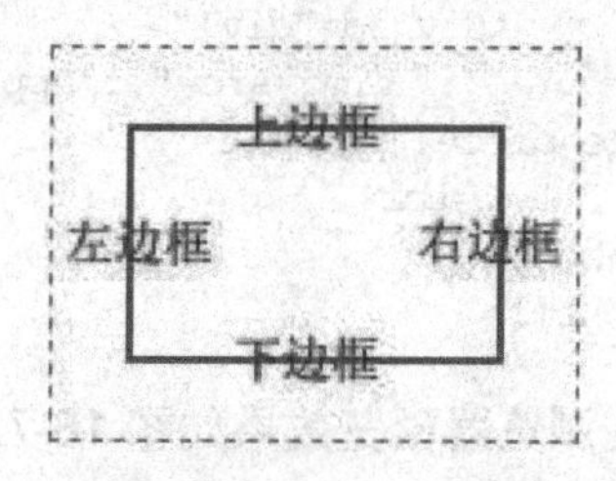

图 16-8 四个方向的边框

2. 下边框 border-bottom

```
border-bottom-width:1px;
border-bottom-style:solid;
border-bottom-color:blue;
```

简洁写法：**border-bottom:1px solid blue;**

3. 左边框 border-left

```
border-left-width:1px;
border-left-style:solid;
border-left-color:green;
```

简洁写法：**border-left:1px solid green;**

4. 左边框 border-right

```
border-right-width:1px;
border-right-style:solid;
border-right-color:orange;
```

简洁写法：**border-right:1px solid orange;**

从上面的介绍我们知道，无论是边框整体样式，还是局部样式，我们都需要设置边框的三个属性：宽度、外观和颜色。

大家如果忘记边框要设置哪些属性也没关系，一般情况下开发工具都会有提示功能。

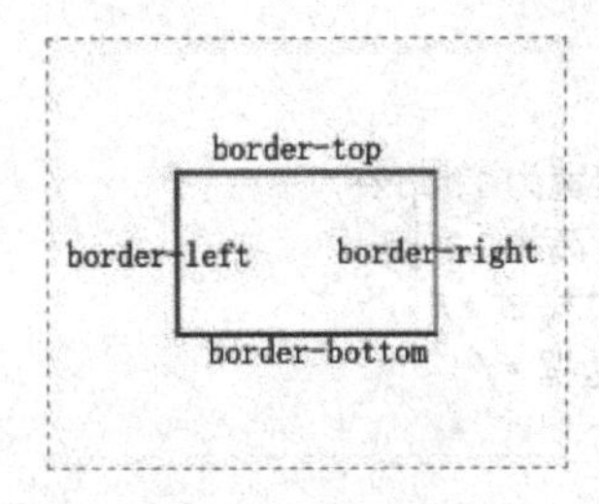

图 16-9 局部边框样式

border:

border: [border-width] [border-style] [border-color] | inherit

图 16-10 开发工具中的代码提示

举例：

```
<!DOCTYPE html>
<html xmlns="http://www.w3.org/1999/xhtml">
<head>
    <title>局部边框样式</title>
    <style type="text/css">
        #div1
```

```
        {
            width:100px;                        /*div 元素宽为 100px*/
            height:60px;                        /*div 元素高为 60px*/
            border-top:1px solid red;           /* 上边框样式 */
            border-right:1px solid orange;      /* 右边框样式 */
            border-bottom:1px solid blue;       /* 下边框样式 */
            border-left:1px solid green;        /* 左边框样式 */
        }
    </style>
</head>
<body>
    <div id="div1">
    </div>
</body>
</html>
```

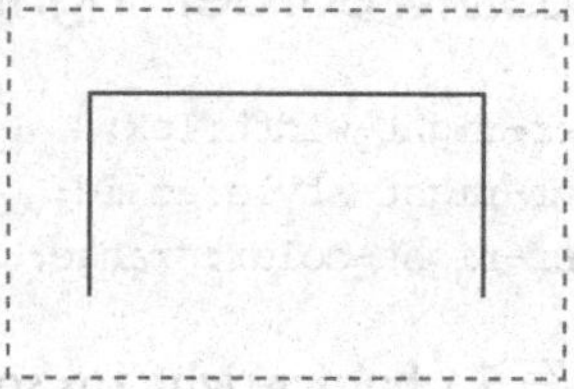

在浏览器预览效果如图 16-11。

图 16-11 局部边框样式实例（1）

举例：

```
<!DOCTYPE html>
<html xmlns="http://www.w3.org/1999/xhtml">
<head>
    <title>局部边框样式 </title>
    <style type="text/css">
    #div1
    {
        width:100px;                    /*div 元素宽为 100px*/
        height:60px;                    /*div 元素高为 100px*/
        border:1px solid gray;          /* 边框整体样式 */
        border-bottom:0px;              /* 去除下边框 */
    }
    </style>
</head>
<body>
    <div id="div1">
    </div>
</body>
</html>
```

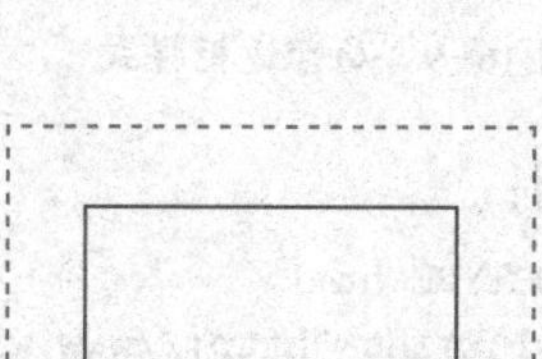

在浏览器预览效果如图 16-12。

图 16-12 宽度为 0 的边框

分析：

“border-bottom:0px;”是把下边框宽度设置为0。由于此时下边框没有宽度了，因此下边框被去除了。很多新手觉得奇怪，难道不需要设置边框的外观和颜色如“border-bottom:0px solid gray;”吗？实际上，这是省略写法。既然我们都不需要这一条边框了，为什么还设置边框的外观和颜色？

去除边框可以使用“border-bottom:0px”和“border-bottom:none”两种方法。这两种方法实现的效果是等价的。

16.4 本章总结

1. 边框属性

要定义一个元素的边框必须要设置以下三个方面。

① 边框的宽度

② 边框的外观（实线，或者虚线）

③ 边框的颜色

边框的三个属性

属性	说明
border-width	边框的宽度
border-style	边框的外观
border-color	边框的颜色

（1）border-width

语法：

```
border-width: 像素值；
```

说明：

在 CSS 入门学习中，我们都是建议采用像素做单位

（2）border-style

border-style 属性用于设置边框的外观，例如实线边框和虚线边框。

语法：

```
border-style: 属性值 ;
```

说明：

虽然 border-style 属性值有很多，但是大部分我们都用不上。一般情况下，solid 和 dashed 这两个属性值就够了，别浪费时间去记忆其他属性值。

（3）border-color

border-color 属性用来定义边框的颜色。

语法：

```
border-color: 颜色值
```

说明：

对于颜色的取值，我们可以使用绿叶学习网的“在线调色板”来获取。

2. 边框属性简洁写法

设置一个元素的边框就要设置三个属性：border-width、border-style 和 border-color。

```
border-width:1px;
border-style:solid;
border-color:Red;
```

这种写法费时费力，导致代码量多。在 CSS 中，对于边框属性的定义，我们有一个简洁的写法：

```
border:1px solid gray;
```

3. 局部边框样式

在 CSS 中，其实我们可以分别针对上下左右四条边框设置单独的样式，方法如下。

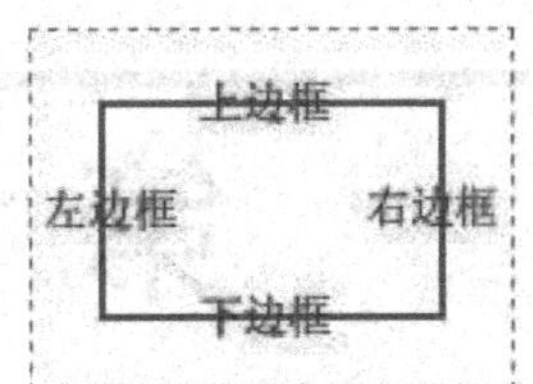

图 16-13 四个方向的边框

（1）上边框 border-top

```
border-top-width:1px;
border-top-style:solid;
border-top-color:red;
```

简洁写法：border-top:1px solid red;

（2）下边框 border-bottom

```
border-bottom-width:1px;
border-bottom-style:solid;
border-bottom-color:blue;
```

简洁写法：border-bottom:1px solid blue;

（3）左边框 border-left

```
border-left-width:1px;
border-left-style:solid;
border-left-color:green;
```

简洁写法：border-left:1px solid green;

（4）右边框 border-right

```
border-right-width:1px;
border-right-style:solid;
border-right-color:orange;
```

简洁写法：border-right:1px solid orange;

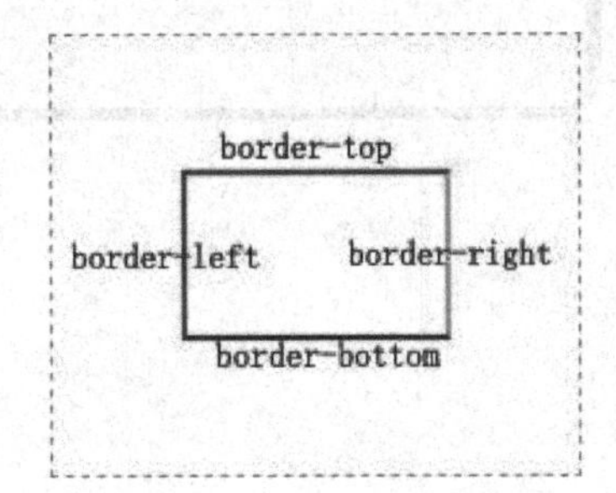

图 16-14 局部边框样式

第 17 章

背景样式

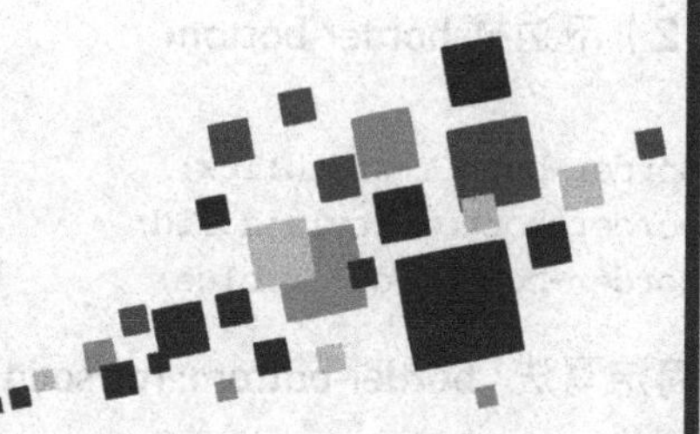

17.1 背景样式简介

在 CSS 中，背景样式主要包括两种：背景颜色，以及背景图像。

在传统的布局（Web1.0 时代）中，一般使用元素的 background 属性为 body、table 和 td 等几个少数的标签定义背景图像，或者使用 bgcolor 属性为元素定义背景颜色。

在 Web2.0 时代中，对于元素的背景样式，我们都不会再使用“标签属性来定义样式”这种方式了，而是使用 CSS 的 background 属性来定义。大家要非常清楚这一点。

17.1.1 背景颜色

在 CSS 中，我们可以使用 background-color 属性来控制元素的背景颜色。

17.1.2 背景图像

在 CSS 中，为元素定义背景图像，往往涉及以下属性。

背景图像属性

属性	说明
background-image	定义背景图像的路径，这样图片才能显示
background-repeat	定义背景图像显示方式，例如纵向平铺、横向平铺
background-position	定义背景图像在元素哪个位置
background-attachment	定义背景图像是否随内容而滚动

这一小节只是给大家理清一下接下来课程的学习思路。

17.2 背景颜色 background-color

在 CSS 中，我们可以使用 background-color 属性来定义元素的背景颜色。

语法：

```
background-color: 颜色值；
```

说明：

颜色值是一个关键字或一个 16 进制的 RGB 值。所谓的“16 进制 RGB 值”指的就是类似“#FBF9D0”这种形式的值。而“关键字”指的就是颜色的英文名称，如 red、blue、green 等。对于颜色值的获取，大家可以使用绿叶学习网的“在线调色板”来获取，非常方便。

举例：

```
<!DOCTYPE html>
<html xmlns="http://www.w3.org/1999/xhtml">
<head>
    <title>background-color 属性 </title>
    <style type="text/css">
        /* 设置所有 div 元素的共同样式 */
        div
        {
            width:100px;
            height:60px;
        }
        /* 设置 3 个 div 元素的个别样式 */
        #div1{background-color:red;}
        #div2{background-color: #F3DE3F;}
        #div3{background-color: #0AF7FB;}
    </style>
</head>
<body>
    <div id="div1">背景颜色值为 red</div>
    <div id="div2">背景颜色值为 #F3DE3F </div>
    <div id="div3">背景颜色值为 #0AF7FB </div>
</body>
</html>
```

在浏览器预览效果如图 17-1。

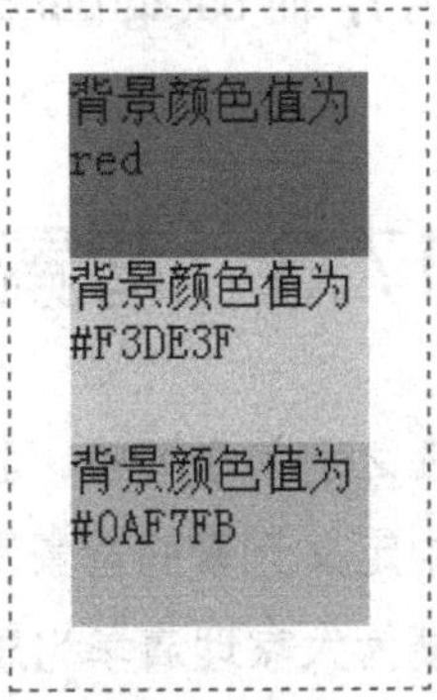

图 17-1 背景颜色 background-color

很多初学者对 color 和 background-color 这两个属性容易混淆，下面用一个例子来说明一下。

举例：

```
<!DOCTYPE html>
<html xmlns="http://www.w3.org/1999/xhtml">
<head>
    <title>color 和 background-color 区别</title>
    <style type="text/css">
    #p1
    {
        width:290px;
        color:white;
        background-color:red;
    }
    </style>
</head>
<body>
    <p id="p1">
        p 元素文本颜色 color 值为 white<br/>
        p 元素背景颜色 background-color 值为 red
    </p>
</body>
</html>
```

在浏览器预览效果如图 17-2。

图 17-2 color 和 background-color 的区别

分析：

从上面例子我们可以很直观地知道：color 属性定义的是文字的颜色（前景

色），而 background-color 属性定义的是元素的背景颜色（背景色）。

17.3 背景图像简介

在之前的学习中，我们知道背景样式分为两种：背景颜色和背景图像。其中定义元素的背景图像涉及的属性比较多，下面稍微给大家讲解一下，以便为大家理清学习思路。

CSS 背景图像属性

属性	说明
background-image	定义背景图像的路径，这样图片才能显示
background-repeat	定义背景图像显示方式，例如纵向平铺、横向平铺
background-position	定义背景图像在元素哪个位置
background-attachment	定义背景图像是否随内容而滚动

17.3.1 background-image 属性

在 CSS 中，background-image 属性是控制元素的必选属性，它定义了背景图像的来源。跟 HTML 中的 img 标签一样，background 属性必须定义图像的路径，背景图像才能正常显示。

17.3.2 background-repeat 属性

在 CSS 中，background-repeat 属性定义背景图像的显示方式，例如不平铺、横向平铺和两个方向都平铺。

如图 17-3，第一部分就是背景图像在纵向和横向两个方向都平铺，第二部分只是在横向平铺，而第三部分只是在纵向平铺。

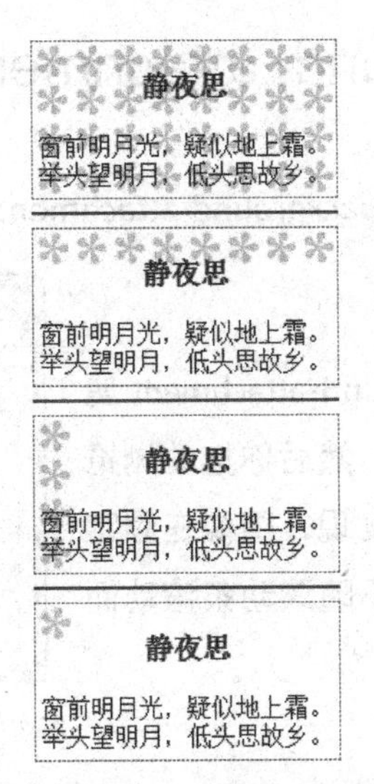

图 17-3 background-repeat 属性

17.3.3 background-position 属性

在 CSS 中，background-position 属性定义了背景图像在该元素的位置。

定义背景图像在元素的位置，一般需要定义背景图像的横向位置和纵向位置。例如图 17-4 定义了背景图像在横向距离元素左边 80px，在纵向距离元素顶边 40px。

图 17-4 background-position 属性

17.3.4 background-attachment 属性

在 CSS 中，使用背景附件 background-attachment 属性可以设置背景图像是随对象滚动还是固定不动。

如图 17-5，使用 background-attachment 属性设置背景图像固定不动，然后你拖动浏览器滚动条的时候会惊奇地发现，图像在固定在浏览器的某个位置，而不随滚动条滚动而变化！

图 17-5 background-attachment 属性

17.4 背景图像样式 background-image

在 CSS 中，我们可以使用 background-image 属性来定义元素的背景图片。

语法：

```
background-image:url("图像地址");
```

说明：

图像地址可以是相对地址，也可以是绝对地址。

举例：

```
<!DOCTYPE html>
<html xmlns="http://www.w3.org/1999/xhtml">
<head>
    <title>background-image 属性 </title>
    <style type="text/css">
        #div1
        {
            width:143px;
            height:220px;
            background-image:url("images/haizeiwang.png");
```

```
        }
    </style>
</head>
<body>
    <div id="div1">这是一张海贼王图片</div>
</body>
</html>
```

在浏览器预览效果如图 17-6。

分析：

想要给某个元素设置背景图像，该元素必须要有一定的宽度和高度，背景图片才会显示出来。因此在这个例子中定义了 div 元素的宽 width 和高 height，其中 width 值和 height 值跟图片实际的宽度和高度一样。

在上面例子中，如果我们没有 id="div1" 的元素设置高度，则在浏览器预览效果如图 17-7。

这是一张海贼王图片

图 17-6 背景图像样式 background-image 属性　图 17-7 有背景图像的元素没有设置高度

这样的话，背景图片就无法完整地显示出来了。

大家在可以在本地编辑器测试中修改 div 元素的 width 和 height 这两个的属性值，看看有什么效果。

17.5 背景重复样式 background-repeat

在 CSS 中，使用 background-repeat 属性可以定义背景图像的平铺方式。

语法：

```
background-repeat: 取值；
```

说明：

background-repeat 属性取值如下。

background-repeat 属性取值

属性值	说明
no-repeat	表示不平铺
repeat	默认值，表示在水平方向（x 轴）和垂直方向（y 轴）同时平铺
repeat-x	表示在水平方向（x 轴）平铺
repeat-y	表示在垂直方向（y 轴）平铺

这里有一张 25px×25px 的图片，我们设置三个 div 元素为 200px×100px，并且把 div 元素背景图像设置为该图片。

图 17-8 25px×25px 图片

举例：

```
<!DOCTYPE html>
<html xmlns="http://www.w3.org/1999/xhtml">
<head>
    <title>background-repeat 属性 </title>
    <style type="text/css">
        /* 设置 div 元素的共同样式 */
        div
        {
            width:200px;
            height:100px;
            background-image:url("images/flower.jpg");
            text-align:center;
            border:1px dashed gray;
        }
```

```
        /* 设置 3 个 div 元素的个别样式 */
            #div2{background-repeat:repeat-x;}
            #div3{background-repeat:repeat-y;}
            #div4{background-repeat:no-repeat;}
            hr{border-color:red;}
        </style>
</head>
<body>
        <div id="div1">
            <h3> 静夜思 </h3>
            <p> 窗前明月光，疑似地上霜。<br/> 举头望明月，低头思故乡。</p>
        </div>
        <hr/>
        <div id="div2">
            <h3> 静夜思 </h3>
            <p> 窗前明月光，疑似地上霜。<br/> 举头望明月，低头思故乡。</p>
        </div>
        <hr/>
        <div id="div3">
            <h3> 静夜思 </h3>
            <p> 窗前明月光，疑似地上霜。<br/> 举头望明月，低头思故乡。</p>
        </div>
        <hr/>
        <div id="div4">
            <h3> 静夜思 </h3>
            <p> 窗前明月光，疑似地上霜。<br/> 举头望明月，低头思故乡。</p>
        </div>
</body>
</html>
```

在浏览器预览效果如图 17-9。

图 17-9　背景重复 background-repeat 属性

分析：

第一个 div 元素没有设置 background-repeat 属性值，浏览器会采用 background-repeat 属性的默认值“repeat”，因此背景图片会在水平和垂直两个方向同时平铺。第二个 div 元素 background-repeat 属性值为“repeat-x”，因此背景图片会在水平方向（x 轴）

平铺。第三个 div 元素 background-repeat 属性值为“repeat-y”，因此背景图片会在垂直方向（y 轴）平铺。

在这个例子中，对于 hr 元素的定义，可能大家会觉得很奇怪。为什么定义 hr 元素的 border-color 属性值为 red，水平线的颜色就会改变呢？在这里，为什么不是定义 hr 的 color 为 red 或者 background-color 为 red 呢？其实，这跟 hr 元素本身特点有关，这些内容可以关注绿叶学习网的 CSS 进阶教程。

此外还需要注意一点：元素的宽或高必须大于背景图片本身的宽或高，才会有平铺效果。

17.6 背景图像位置 background-position

在 HTML 中，我们可以使用 background-position 属性来定义背景图像的位置。background-positon 属性只能应用于块级元素和替换元素。其中替换元素包括 img、input、textarea、select 和 object。

语法：

```
background-position: 像素值 / 关键字 ;
```

说明：

语法中的取值包括两种，一种是采用像素值，另一种是关键字描述。

17.6.1 background-position 取值为“像素值”

background-position 取值为像素值时，要设置水平方向数值（x 轴）和垂直方向数值（y 轴）。例如：“background-position：12px 24px;”表示背景图像距离该元素左上角的水平方向位置是 12px，垂直方向位置是 24px。注意，这两个取值之间要用空格隔开。

background-positon 属性的长度取值	
设置值	说明
x（数值）	设置网页的横向位置，单位为 px
y（数值）	设置网页的纵向位置，单位为 px

在 CSS 入门学习中，我们建议初学者都是使用像素 px 为单位。

举例：

```
<!DOCTYPE html>
<html xmlns="http://www.w3.org/1999/xhtml">
<head>
    <title>background-position 属性</title>
    <style type="text/css">
        #div1
        {
            width:400px;
            height:300px;
            border:1px solid gray;
            background-image:url("images/haizeiwang.png" );
            background-repeat:no-repeat;
            background-position:80px 40px;
        }
    </style>
</head>
<body>
    <div id="div1"></div>
</body>
</html>
```

在浏览器预览效果如图 17-10。

分析：

上面预览图中加入了图解注释，以方便读者理解。在这个例子中，我们为 id="div1" 的元素定义了宽度 width 和高度 height，并且定义了一个边框。

background-position 属性设置的水平方向距离和垂直方向距离是相对该元素的左上角而言的，大家细细观察即可理解。

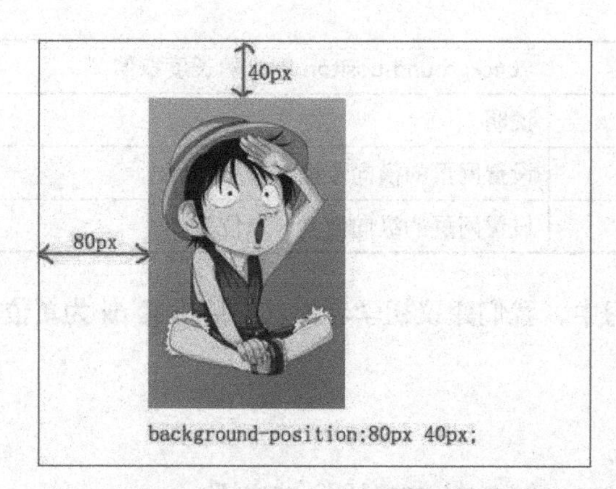

图 17-10 background-position 取值为像素值

17.6.2 background-position 取值为“关键字”

当 background-position 取值为关键字时，也需要设置水平方向和垂直方向的值，只不过值不是使用 px 为单位的数值，而是用关键字代替。

background-position 属性的关键字取值

属性值	说明
top left	左上
top center	靠上居中
top right	右上
left center	靠左居中
center center	正中
right center	靠右居中
bottom left	左下
bottom center	靠下居中
bottom right	右下

举例：

```
<!DOCTYPE html>
<html xmlns="http://www.w3.org/1999/xhtml">
```

```
<head>
    <title>background-position 属性</title>
    <style type="text/css">
        #div1
        {
            width:240px;
            height:160px;
            border:1px solid gray;
            background-image:url("images/cartoongirl.gif");
            background-repeat:no-repeat;
            background-position:right center;
        }
    </style>
</head>
<body>
    <div id="div1"></div>
</body>
</html>
```

在浏览器预览效果如图 17-11。

图 17-11　background-position 取值为关键字

分析：

“background-position:right center;”中的“right center”表示水平方向在右边（right），垂直方向在中间（center）。此外，由于图片是 GIF 格式的动态图片，在浏览器还能看到图片在动喔。

17.7　背景固定样式 background-attachment

在 CSS 中，我们可以使用 background-attachment 属性来定义背景图像是随对象滚动还是固定不动。

语法：

```
background-attachment:scroll/fixed;
```

说明：

background-attachment 属性只有两个属性值。scroll 表示背景图像随对象滚动而滚动，是默认选项；fixed 表示背景图像固定在页面不动，只有其他的内容随滚动条滚动。

举例：

```
<!DOCTYPE html>
<html xmlns="http://www.w3.org/1999/xhtml">
<head>
    <title>background-attachment 属性</title>
    <style type="text/css">
        #div1
        {
            width:160px;
            height:1200px;
            border:1px solid gray;
            background-image:url("images/cartoongirl.gif");
            background-repeat:no-repeat;
            background-attachment:fixed;
        }
    </style>
</head>
<body>
    <div id="div1"></div>
</body>
</html>
```

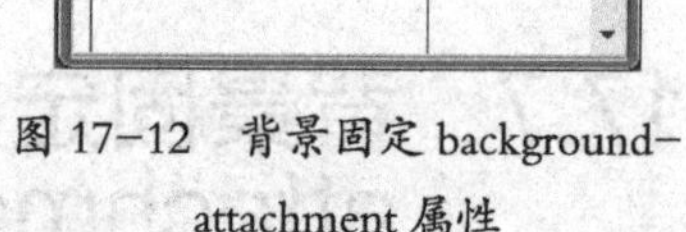

图 17-12 背景固定 background-attachment 属性

在浏览器预览效果如图 17-12。

分析：

大家在浏览器中拖动右边的滚动条会发现，背景图片在页面固定不动。

17.8 本章总结

在 CSS 中，背景样式主要包括两种：背景颜色和背景图像。

1. 背景颜色

在 CSS 中，我们可以使用 background-color 属性来控制元素的背景颜色。

2. 背景图像

在 CSS 中，为元素定义背景图像，往往涉及以下属性。

背景图像属性

属性	说明
background-image	定义背景图像的路径，这样图片才能显示
background-repeat	定义背景图像显示方式，例如纵向平铺、横向平铺
background-position	定义背景图像在元素哪个位置
background-attachment	定义背景图像是否随内容而滚动

在这里，每一个属性都有非常多的属性值，我们可能记不住。不过小伙伴们可以放心，因为大多数开发工具都会有代码提示功能。

第 18 章

超链接样式

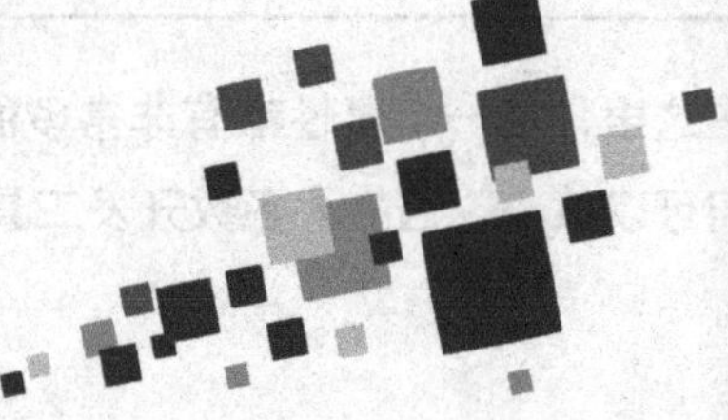

18.1 超链接伪类

在所有浏览器中，超链接的样式如图 18-1。

我们可以看出超链接在鼠标点击不同时期的样式是不一样的。

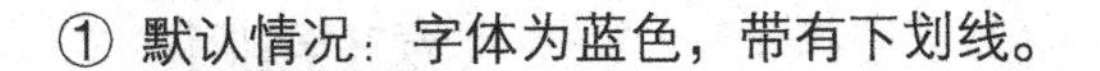

图 18-1 超链接不同时期样式

① 默认情况：字体为蓝色，带有下划线。

② 鼠标点击时：字体为红色，带有下划线。

③ 鼠标点击后：字体为紫色，带有下划线。

点击时，指的是点击超链接的一瞬间，字体是红色的。这个样式变化是一瞬间的事情。

18.1.1 如何去除超链接下划线

超链接默认情况下带有下划线，看起来不是一般的丑的，而且用户体验也不好。在 CSS 中，我们可以使用“text-decoration:none”来去除超链接下划线。我们在“下划线、删除线和顶划线”这一节已经详细讲解了 text-decoration 属性。

语法：

```
text-decoration:none;
```

举例：

```
<!DOCTYPE html>
<html xmlns="http://www.w3.org/1999/xhtml">
<head>
    <title>去除超链接默认样式</title>
    <style type="text/css">
        .a2{text-decoration:none;}
```

```
    </style>
</head>
<body>
      <a href="http://www.lvyestudy.com" class="a1">绿 叶 学 习 网 </
a><br/>
     <a href="http://www.lvyestudy.com" class="a2">绿叶学习网</a>
</body>
</html>
```

在浏览器预览效果如图 18-2。

分析：

由于第二个 a 标签应用了“text-decoration:none”，因此它的下划线被去掉了。

绿叶学习网
绿叶学习网

图 18-2 去除超链接下划线

18.1.2 如何定义超链接伪类

在 CSS 中，我们可以使用超链接伪类来定义超链接在不同时期的不同样式。

语法：

```
a:link{CSS 样式 }
a:visited{CSS 样式 }
a:hover{CSS 样式 }
a:actived{CSS 样式 }
```

说明：

超链接伪类

属性	说明
a:link	定义 a 元素未访问时的样式
a:visited	定义 a 元素访问后的样式
a:hover	定义鼠标经过显示的样式
a:actived	定义鼠标单击激活时的样式

定义这 4 个伪类，必须按照 link、visited、hover、active 的顺序进行，不然

浏览器可能无法正常显示这 4 种样式。请记住，这 4 种样式定义顺序不能改变！

大家可能觉得比较难把这个样式顺序记忆。没关系，我有一个挺好的方法。“love hate”，看到了么，这样就记住了。我们把超链接伪类的顺序规则称为“爱恨原则”。大家以后回忆一下“爱恨原则”，自然而然就写出来了。

举例：

```
<!DOCTYPE html>
<html xmlns="http://www.w3.org/1999/xhtml">
<head>
    <title>超链接伪类</title>
    <style type="text/css">
        #div1
        {
            width:100px;
            height:30px;
            line-height:30px;
            border:1px solid #CCCCCC;
            text-align:center;
            background-color: #40B20F;
        }
        a{text-decoration:none;font-size:18px;}
        a:link{color:white}
        a:visited{color: purple; }
        a:hover{color:yellow;text-decoration:underline;}
        a:active{color:red;}
    </style>
</head>
<body>
    <div id="div1">
        <a href="http://www.lvyestudy.com">绿叶学习网</a>
    </div>
</body>
</html>
```

在浏览器预览效果如图 18-3。

鼠标经过样式如图 18-4。

图 18-3 超链接默认样式

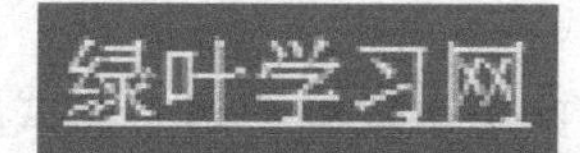

图 18-4 超链接鼠标经过样式

点击链接时样式如图 18-5。

点击链接是一瞬间的事情，大家请留意一下超链接的样式变化。

图 18-5 超链接鼠标点击样式

在此学习了 CSS 超链接伪类，我们可以使用超链接伪类给文本超链接添加复杂多样的样式。

18.1.3 深入了解超链接伪类

大家可能开始有疑问了，是不是每一个超链接都必须要定义 4 种状态的样式呢？答案是否定的。一般情况下，我们只用到两种状态：未访问状态和鼠标经过状态。有机会的话，大家可以到绿叶学习网看一下，对于所有超链接的样式，其实也只是定义了这两种状态。

未访问状态，我们直接在 a 标签定义就行了，没必要使用“a:link”。

语法：

```
a{CSS 样式 }
a:hover{CSS 样式 }
```

举例：

```
<!DOCTYPE html>
<html xmlns="http://www.w3.org/1999/xhtml">
<head>
    <title> 超链接伪类 </title>
    <style type="text/css">
```

```
        #div1
        {
            width:100px;
            height:30px;
            line-height:30px;
            border:1px solid #CCCCCC;
            text-align:center;
            background-color: #40B20F;
        }
        a{text-decoration:none;color:purple}
        a:hover{color:white}
    </style>
</head>
<body>
    <div id="div1">
        <a href="http://www.lvyestudy.com">绿叶学习网</a>
    </div>
</body>
</html>
```

在浏览器预览效果如图 18-6。

鼠标经过时样式如图 18-7。

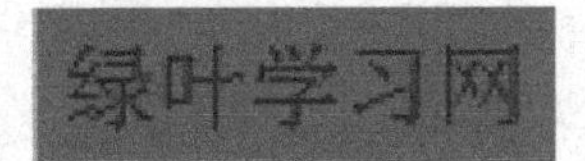

图 18-6 默认样式

图 18-7 鼠标经过样式

【疑问】

很多人认为按照正常人思维来说，超链接样式的定义顺序应该是“未访问样式、鼠标经过样式、点击时样式、访问后样式”，但是为什么定义超链接样式必须要按照“未访问样式、访问后样式、鼠标经过样式、点击时样式”才能在浏览器中正常显示这 4 种样式呢?

这个是新手经常问到的问题，其实这是 W3C 官方规定的，也许官方的思维跟我们的不一样。规则这种东西嘛，一般都是官方定的，就像交通规则一样，我们只需要遵守就行了，没必要纠结为什么绿灯走而红灯停，而不是绿灯停而绿灯走。

不过我们也有很好的记忆方法，大家不用担心。那就是“爱恨原则”。爱她，是因为超链接伪类让超链接变得更“美丽”；恨她，是因为顺序太难记。所以我们对她又爱又恨。

18.2 深入了解 :hover 伪类

我们知道“a:hover”可以用于定义鼠标经过超链接（a 标签）时的样式。不仅是初学者，甚至包括很多学习 CSS 很久的人都以为“:hover”只限于 a 标签，都觉得“:hover”唯一的作用就是定义鼠标经过超链接（a 标签）时的样式。

如果你要是这样理解，那你就埋没了一个功能非常强大的 CSS 技巧了！请记住，“:hover”伪类可以定义任何一个元素在鼠标经过时的样式！

语法：

```
元素 :hover{}
```

说明：

“元素”可以是任意的块元素和行内元素。

举例：

```
<!DOCTYPE html>
<html xmlns="http://www.w3.org/1999/xhtml">
<head>
    <title>:hover 伪类 </title>
    <style type="text/css">
        #div1
        {
```

```
            width:100px;
            height:30px;
            line-height:30px;
            border:1px solid #CCCCCC;
            text-align:center;
            color:white;
            background-color: #40B20F;
        }
        #div1:hover{background-color: #286E0A;}
        img:hover{border:1px solid red;}
    </style>
</head>
<body>
    <div id="div1">绿叶学习网</div>
    <img src="../App_images/lesson/run_cj/cartoongirl.gif" alt=""/>
</body>
</html>
```

在浏览器预览效果如图 18-8。

鼠标经过时样式如图 18-9。

图 18-8 默认样式

图 18-9 鼠标经过样式

分析：

鼠标经过 div 层时，我们改变了它的背景颜色，而鼠标经过 img 图片时，我们为图片添加了一个红色边框。

“:hover”伪类应用非常广泛，不管是哪一个网站，都会大量用到。

18.3 鼠标样式

在 CSS 中，对于鼠标样式，我们有两种定义方式：浏览器鼠标样式，以及自定义鼠标样式。

18.3.1 浏览器鼠标样式

在 CSS 中，我们可以使用 cursor 属性来定义鼠标的样式。

语法：

```
cursor: 属性值;
```

说明：

cursor 属性取值如下表。小伙伴们可能会惊呆，cursor 属性值这么多，怎么记呀？其实大家不用担心，在实际开发中，我们一般只用到“default”和“pointer”这两个属性值，其他的都很少用得上。如果实在没办法还需要其他的，那就回来查这种表就行了。

cursor 属性值	说明
default	（默认值）
pointer	（常用值）
text	
crosshair	
wait	
help	
move	
e-resize	
ne-resize	
nw-resize	
n-resize	
se-resize	
sw-resize	
s-resize	
w-resize	

举例：

```
<!DOCTYPE html>
<html xmlns="http://www.w3.org/1999/xhtml">
<head>
      <title>cursor 属性</title>
      <style type="text/css">
          div
          {
              width:100px;
              height:30px;
              line-height:30px;
              text-align:center;
              border:1px solid #CCCCCC;
              background-color: #40B20F;
              color:white;
              font-size:14px;
              font-weight:bold;
          }
          #div_default{cursor:default;}
          #div_pointer{cursor:pointer;}
      </style>
</head>
<body>
      <div id="div_default">鼠标默认样式</div>
      <div id="div_pointer">鼠标手状样式</div>
</body>
</html>
```

在浏览器预览效果如图 18-10。

图 18-10 浏览器鼠标样式

分析：

我们可以看到，默认情况下鼠标是斜箭头。

一般情况下，我们只需要采用浏览器默认的鼠标样式就可以了，如果实在特别需要的时候可以用“cursor:pointer;”。对于 cursor 的其他属性值，我们一般用不上。因此，大家无需花力气去记忆这些没用的属性。

18.3.2 自定义鼠标样式

除了使用浏览器的鼠标样式，我们还可以自定义鼠标样式。

语法：

```
cursor:url("地址"),属性;
```

举例：

```
<!DOCTYPE html>
<html xmlns="http://www.w3.org/1999/xhtml">
<head>
    <title>cursor属性</title>
    <style type="text/css">
        div
        {
            width:100px;
            height:30px;
            line-height:30px;
            text-align:center;
            border:1px solid #CCCCCC;
            background-color: #40B20F;
            color:white;
            font-size:14px;
            font-weight:bold;
        }
        #div_default{cursor:url("default.cur"),default;}
        #div_pointer{cursor:url("pointer.cur"),pointer;}
    </style>
</head>
<body>
    <div id="div_default">鼠标默认样式</div>
    <div id="div_pointer">鼠标手状样式</div>
</body>
</html>
```

在浏览器预览效果如图 18-11。

图 18-11 自定义鼠标样式

分析：

使用“自定义鼠标样式”可以打造更加具有个性的个人网站，美观大方，而且更好地匹配网站的风格。

18.4 本章总结

超链接 a 标签是网页最常用的一个元素了，把超链接的样式外观控制得更加完美也是一种必要的前端技能。往往在很多书籍中，较少深入地探讨 a 标签的样式定义，大多都是一笔带过。

我们把超链接样式定义独立成章，详细讲解了一些非常实用的关于 a 标签的外观样式技巧，包括超链接伪类和鼠标样式。

1. 超链接伪类

（1）去除超链接下划线

对于超链接，如果想要去除浏览器默认的下划线效果，可以使用“text-decoration:none”。

（2）如何定义超链接伪类

超链接伪类	
属性	说明
a:link	定义 a 元素未访问时的样式
a:visited	定义 a 元素访问后的样式
a:hover	定义鼠标经过显示的样式
a:actived	定义鼠标单击激活时的样式

定义这 4 个伪类，必须按照 link、visited、hover、active 的顺序进行，不然浏览器可能无法正常显示这 4 种样式。我们可以根据“爱恨原则”来记忆。

一般情况下，我们只用到两种状态：未访问状态和鼠标经过状态。

在 CSS 中，我们可以使用 :hover 伪类来定义任何一个元素在鼠标经过时的样式。“元素”可以是任意的块元素或行内元素。

2. 鼠标样式

在 CSS 中，对于鼠标样式的定义，我们可以采用两种方式。

① 浏览器鼠标样式

② 自定义鼠标样式

第 19 章

图片样式

19.1 图片大小

在之前学习 CSS 的过程中，我们接触了 width 和 height 这两个属性。其中 width 属性用于定义元素的宽度，height 属性用于定义元素的高度。

在 CSS 中，对于图片的大小，我们也是用 width 和 height 这两个属性来定义。

语法：

```
width:像素值;
height:像素值;
```

说明：

在 CSS 入门学习中，我们建议大家都是使用像素为单位。

举例：

```
<!DOCTYPE html>
<html xmlns="http://www.w3.org/1999/xhtml">
<head>
      <title>图片大小</title>
      <style type="text/css">
          img{width:60px;height:60px;}
      </style>
</head>
<body>
      <img src="images/cartoongirl.gif" alt=""/>
</body>
</html>
```

在浏览器预览效果如图 19-1。

图 19-1 图片大小

分析：

不管图片的实际大小是多少，你都可以使用 width 和 height 这两个属性来定义你想要的高度和宽度。大家别傻乎乎地还用 PS 做好高度和宽度，然后才敢把图片用到页面上。不过在实际开发中，我们还是建议图片实际尺寸做得跟网页图片使用的尺寸相同或相似。因为图片实际大小如果过大的话，数据传输量就大，会严重影响页面的加载速度。

19.2 图片边框 border

在第 5 章我们详细讲解了 border 属性。对于图片的边框，我们也是使用 CSS 的 border 属性来定义。

语法：

```
border-width: 像素值 ;
border-style: 属性值 ;
border-color: 颜色值 ;
```

说明：

如果大家忘了 border 属性，请自行回去复习一下。一般情况下，对于元素边框的定义，我们还是建议使用 border 属性的简洁写法，如“border:1px solid gray;”。

举例：

```
<!DOCTYPE html>
<html xmlns="http://www.w3.org/1999/xhtml">
<head>
      <title> 图片边框 border</title>
      <style type="text/css">
          img
          {
              width:60px;
              height:60px;
              border:1px solid red;
          }
      </style>
</head>
<body>
      <img src="images/cartoongirl.gif" alt=""/>
</body>
</html>
```

在浏览器预览效果如图19-2。

图19-2 为图片定义边框

分析：

这里使用"border:1px solid red;"为图片定义了一个边框。

举例：

```
<!DOCTYPE html>
<html xmlns="http://www.w3.org/1999/xhtml">
<head>
	<title>图片边框</title>
	<style type="text/css">
		img{width:60px;height:60px;}
		img:hover{border:1px solid gray;}
	</style>
</head>
<body>
	<img src="images/cartoongirl.gif" alt=""/>
</body>
</html>
```

在浏览器预览效果如图19-3。

图19-3 :hover伪类定义鼠标经过出现边框

分析：

在这个例子中，我们使用:hover伪类来定义鼠标经过图片时会出现灰色边框。

19.3 图片水平对齐

在4.6节"文本水平对齐text-align"中我们详细讲解了text-align属性。大家请记住，text-align属性一般只用于两个地方：文本水平对齐和图片水平对齐。也就是说，text-align属性只对文本和img标签有效，对其他标签无效。

语法：

```
text-align:属性值;
```

说明：

text-align 属性取值如下。

text-align 属性取值

属性值	说明
left	左对齐，默认值
center	居中对齐
right	右对齐

举例：

```
<!DOCTYPE html>
<html xmlns="http://www.w3.org/1999/xhtml">
<head>
    <title>图片水平对齐</title>
    <style type="text/css">
        div
        {
            width:300px;
            height:80px;
            border:1px solid gray;
        }
        .div_img1{text-align:left;}
        .div_img2{text-align:center;}
        .div_img3{text-align:right;}
        img{width:60px;height:60px;}
    </style>
</head>
<body>
    <div class="div_img1">
        <img src="images/cartoongirl.gif" alt=""/>
    </div>
    <div class="div_img2">
        <img src=" images /cartoongirl.gif" alt=""/>
    </div>
    <div class="div_img3">
        <img src=" images /cartoongirl.gif" alt=""/>
    </div>
</body>
</html>
```

在浏览器预览效果如图19-4。

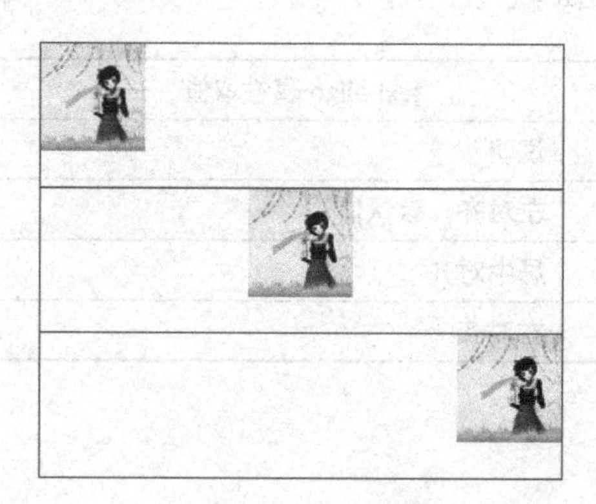

图19-4 图片水平对齐

分析：

很多人都以为定义图片水平对齐是针对img标签来设置，其实这是错误的。图片是要在父元素中进行水平对齐的，如果想要实现图片的水平居中，我们必须对图片的父元素进行定义。

在这个例子中，img元素的父元素是div，img元素是相对于div元素进行水平对齐的。因此想要实现图片的水平对齐，就要在父元素（div元素）中设置text-align属性。

19.4 图片垂直对齐

在上一节我们介绍了如何使用text-align属性来定义图片水平对齐方式。

有些初学者就开始有疑问了，图片水平对齐我们实现了，那如果想让图片垂直对齐呢？

在CSS中，我们可以使用vertical-align属性来定义图片的垂直对齐方式。

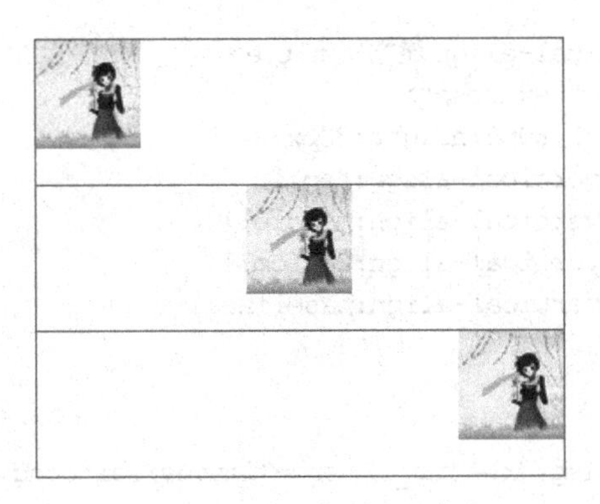

图 19-5 图片水平对齐

语法：

```
vertical-align：属性值；
```

说明：

vertical 即“垂直的”，align 即“使排整齐”。学习 CSS 属性跟学习 HTML 标签一样，往往根据英文意思去记忆会事半功倍。

vertical-align 属性取值如下。

vertical-align 属性取值

属性值	说明
top	顶部对齐
middle	中部对齐
baseline	基线对齐
bottom	底部对齐

vertical-align 这个属性还有 sub、super 等一些属性值。不过对于这些生僻的属性值，我们不需要去理会，因为在实际开发中压根儿用不上。在这里，我们只需要掌握 vertical-align 属性以上 4 个属性值即可。

举例：

```
<!DOCTYPE html>
<html xmlns="http://www.w3.org/1999/xhtml">
<head>
```

```
    <title>vertical-align属性</title>
    <style type="text/css">
        img{width:80px;height:80px;}
        #img_1{vertical-align:top;}
        #img_2{vertical-align:middle;}
        #img_3{vertical-align:bottom;}
        #img_4{vertical-align:baseline;}
    </style>
</head>
<body>
    绿叶学习网<img id="img_1" src="images/cartoongirl.gif" alt=""/>
绿叶学习网(<strong>top</strong>)
    <hr/>
    绿叶学习网<img id="img_2" src="images/cartoongirl.gif" alt=""/>
绿叶学习网(<strong>middle</strong>)
    <hr/>
    绿叶学习网<img id="img_3" src="images/cartoongirl.gif" alt=""/>
绿叶学习网(<strong>bottom</strong>)
    <hr/>
    绿叶学习网<img id="img_4" src="images/cartoongirl.gif" alt=""/>
绿叶学习网(<strong>baseline</strong>)
</body>
</html>
```

在浏览器预览效果如图19-6。

图19-6 vertical-align属性

分析：

大家仔细观察一下，“vertical-align:baseline”和“vertical-align:bottom”是有区别的。

举例：

```
<!DOCTYPE html>
<html xmlns="http://www.w3.org/1999/xhtml">
<head>
    <title>vertical-align 属性</title>
    <style type="text/css">
        div
        {
            width:100px;
            height:80px;
            border:1px solid gray;
        }
        .div_img1{vertical-align:top;}
        .div_img2{vertical-align:middle;}
        .div_img3{vertical-align:bottom;}
        img{width:60px;height:60px;}
    </style>
</head>
<body>
    <div class="div_img1">
        <img src="images/cartoongirl.gif" alt=""/>
    </div>
    <div class="div_img2">
        <img src="images/cartoongirl.gif" alt=""/>
    </div>
    <div class="div_img3">
        <img src="images/cartoongirl.gif" alt=""/>
    </div>
</body>
</html>
```

在浏览器预览效果如图 19-7。

分析：

咦？！怎么回事？怎么图片没有按照预期进行垂直对齐？啊，其实大家误

图 19-7 没有按预期垂直对齐

解了 vertical-align 属性了。W3C 对 vertical-align 属性的定义是：vertical-align 属性定义行内元素相对于该元素的垂直对齐方式。

在这里，大家可能就会想，怎么在一个元素内定义 img 标签相对于该元素垂直对齐呢？对于这个问题，可以关注绿叶学习网的 CSS 进阶教程。

其实 top、middle、bottom、baseline 这 4 个属性值并不是你想象中的那么简单易懂。建议大家有一定的 CSS 基础了，再去深入了解 vertical-align 属性。在这里避免初学者学习有压力，就不再详细探讨了。

19.5 文字环绕效果 float

19.5.1 float 属性

在网页布局的过程中，常常需要图文混排。图文混排，也就是文字环绕着图片进行布局。文字环绕图片的方式在实际页面中的应用非常广泛，如果再配合内容、背景等多种手段便可以实现各种绚丽的效果。

在 CSS 中，使用浮动属性 float 可以设置文字在某个元素的周围，它能应用于所有的元素。

语法：

```
float：取值；
```

说明：

float 属性的取值很简单也很容易记忆，就两个属性值。

float 属性取值

属性值	说明
left	元素向左浮动
right	元素向右浮动

默认情况下，元素是不浮动的。这个表忽略“none”和“inherit”这两个一辈子派不上场的属性值，大家也不需要花心思去理会“none”和“inherit”这两个属性值。

举例：

```
<!DOCTYPE html>
<html xmlns="http://www.w3.org/1999/xhtml">
<head>
    <title> float 属性 </title>
    <style type="text/css">
        img{float:left;}
        p{font-size:16px;text-indent:28px;}
    </style>
</head>
<body>
    <img src="images/ailianshuo.jpg" alt=""/>
    <p> 水陆草木之花，可爱者甚蕃。晋陶渊明独爱菊。自李唐来，世人甚爱牡丹。予独爱莲之出淤泥而不染，濯清涟而不妖，中通外直，不蔓不枝，香远益清，亭亭净植，可远观而不可亵玩焉。予谓菊，花之隐逸者也；牡丹，花之富贵者也；莲，花之君子者也。噫！菊之爱，陶后鲜有闻；莲之爱，同予者何人？牡丹之爱，宜乎众矣。</p>
</body>
</html>
```

在浏览器预览效果如图 19-8。

分析：

细心的读者可能会发现，文本的顶部与图片的顶部怎么不水平对齐，就图 19-9 那样呢？

图 19-8 文字环绕效果

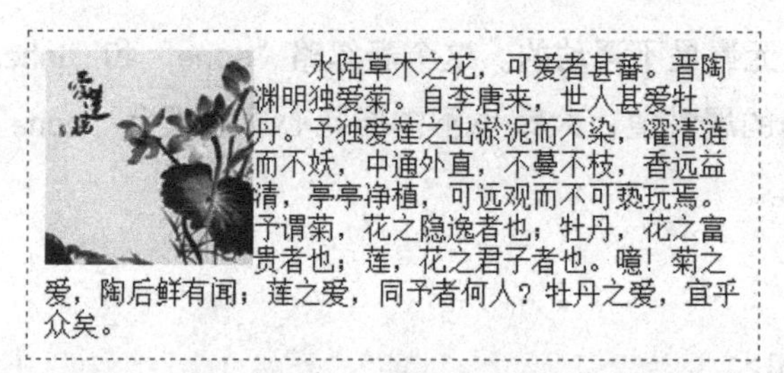

图 19-9 顶部不对齐的文字环绕效果

其实原因在于，p 元素在浏览器下有一定的默认样式。就像 strong 元素默认加粗一样。要实现上图那样的效果，就要去除元素在浏览器中的默认样式。对于如何去除元素在浏览器中的默认样式，暂时不在 CSS 入门的知识中讲解。

对于上面这个例子，大家试着把“float:left;”改为“float:right;”再看看实际效果如何。

19.5.2 定义图片与文字间距

在上面例子的预览效果中，文字紧紧环绕在图片周围。如果希望图片与文字有一定的距离，我们只需要给 img 标签添加 margin 属性即可。

margin 指的是“外边距”，我们在接下来的“CSS 盒子模型”一章中会详细讲解。其中 margin 属性包括 margin-top（上外边距）、margin-bottom（下外边距)、margin-left(左外边距)、margin-right(右外边距)。

语法:

```
margin-top:像素值;
margin-bottom:像素值;
margin-left:像素值;
margin-right:像素值;
```

举例:

```
<!DOCTYPE html>
<html xmlns="http://www.w3.org/1999/xhtml">
<head>
      <title> float 属性 </title>
      <style type="text/css">
         img{margin-right:20px;margin-bottom:20px;float:left;}
      </style>
</head>
<body>
      <img src="images/ailianshuo.jpg" alt=""/>
        <p> 水陆草木之花，可爱者甚蕃。晋陶渊明独爱菊。自李唐来，世人甚爱牡丹。予独爱莲之出淤泥而不染，濯清涟而不妖，中通外直，不蔓不枝，香远益清，亭亭净植，可远观而不可亵玩焉。予谓菊，花之隐逸者也；牡丹，花之富贵者也；莲，花之君子者也。噫！菊之爱，陶后鲜有闻；莲之爱，同予者何人？牡丹之爱，宜乎众矣。</p>
</body>
</html>
```

在浏览器预览效果如图 19-10。

图 19-10 图片与文字间距

分析：

“img{margin-right:20px;margin-bottom:20px;}”表示设置 img 元素的右边距为 20px，下边距也是 20px。

19.6 本章总结

这一章主要学习 CSS 中的图片样式。图片样式涉及图片的大小、边框、水平对齐、垂直对齐、环绕效果等。

1. 图片大小

在 CSS 中，对于图片的大小，我们也是用 width 和 height 这两个属性来定义。

语法：

```
width:像素值;
height:像素值;
```

说明：

在 CSS 入门学习中，我们建议大家使用像素为单位。

2. 图片边框

在 CSS 中，我们使用 border 属性来定义图片边框。

语法：

```
border-width:像素值;
border-style:属性值;
border-color:颜色值;
```

说明：

如果大家忘了 border 属性，请自行回去复习一下。一般情况下，对于元素边框的定义，我们还是建议使用 border 属性简洁写法，如“border:1px solid gray;”。

3. 图片水平对齐

在 CSS 中，我们可以使用 text-align 属性来定义图片的水平对齐方式。

语法：

```
text-align: 属性值 ;
```

说明：

text-align 属性取值如下。

text-align 属性取值	
属性值	说明
left	左对齐，默认值
center	居中对齐
right	右对齐

4. 图片水平对齐

在 CSS 中，我们可以使用 vertical-align 属性来定义图片的垂直对齐方式。

语法：

```
vertical-align: 属性值 ;
```

说明：

vertical-align 属性取值如下。

vertical-align 属性取值	
vertical-align 属性取值	说明
top	顶部对齐
middle	中部对齐
baseline	基线对齐
bottom	底部对齐

5. 文字环绕效果

在 CSS 中，使用浮动属性 float 可以设置文字在某个元素的周围，它能应用于所有的元素。

语法：

float: 取值 ;

说明：

float 属性的取值很简单也很容易记忆，就两个属性值。

float 属性取值

属性值	说明
left	元素向左浮动
right	元素向右浮动

第 20 章

列表样式

20.1 列表项符号 list-style-type

20.1.1 HTML 中定义列表项符号

通过学习 HTML 我们知道，有序列表和无序列表的列表项符号都是使用 type 属性来定义的。我们先来回顾一下。

1. 有序列表

语法：

```
<ol type="属性值">
	<li>有序列表项</li>
	<li>有序列表项</li>
	<li>有序列表项</li>
</ol>
```

说明：

有序列表 type 属性取值如下。

有序列表 type 属性取值

属性值	列表项的序号类型
1	数字 1、2、3……
a	小写英文字母 a、b、c……
A	大写英文字母 A、B、C……
i	小写罗马数字 i、ii、iii……
I	大写罗马数字 I、II、III……

2. 无序列表

语法：

```
<ul type="属性值">
	<li>无序列表项</li>
	<li>无序列表项</li>
```

```
    <li>无序列表项</li>
</ul>
```

无序列表 type 属性取值如下。

无序列表 type 属性取值

属性值	列表项的序号类型
disc	默认值，实心圆“●”
circle	空心圆“○”
square	实心正方形“■”

20.1.2　CSS 中定义列表项符号

使用 type 属性来定义列表项符号，那是在 HTML 元素的属性中定义的。但是我们之前说过，标签和样式是应该分离的。那么在 CSS 中，我们应该怎么定义列表项符号呢?

在 CSS 中，不管是有序列表还是无序列表，都统一使用 list-style-type 属性来定义列表项符号。

语法：

```
list-style-type: 属性值；
```

说明：

list-style-type 属性取值如下。

有序列表 list-style-type 属性取值

属性值	说明
decimal	默认值，数字 1、2、3……
lower-roman	小写罗马数字 i、ii、iii……
upper-roman	大写罗马数字 I、II、III……
lower-alpha	小写英文字母 a、b、c……
upper-alpha	大写英文字母 A、B、C……

无序列表 list-style-type 属性取值	
属性值	说明
disc	默认值，实心圆“●”
circle	空心圆“○”
square	实心正方形“■”

去除列表项符号	
属性值	说明
none	去除列表项符号

举例：

```
<!DOCTYPE html>
<html xmlns="http://www.w3.org/1999/xhtml">
<head>
    <title>list-style-type 属性 </title>
    <style type="text/css">
        ol{list-style-type: lower-roman ;}
        ul{list-style-type: circle ;}
    </style>
</head>
<body>
    <p> 有序列表 </p>
    <ol>
        <li>HTML</li>
        <li>CSS</li>
        <li>JavaScript</li>
    </ol>
    <p> 无序列表 </p>
    <ul>
        <li>HTML</li>
        <li>CSS</li>
        <li>JavaScript</li>
    </ul>
</body>
</html>
```

有序列表

i. HTML
ii. CSS
iii. JavaScript

无序列表

○ HTML
○ CSS
○ JavaScript

图 20-1 CSS 定义列表项符号

在浏览器预览效果如图 20-1。

举例：

```
<!DOCTYPE html>
<html xmlns="http://www.w3.org/1999/xhtml">
<head>
    <title>list-style-type 属性 </title>
    <style type="text/css">
        ol,ul{list-style-type:none;}
    </style>
</head>
<body>
    <p> 有序列表 </p>
    <ol>
        <li>HTML</li>
        <li>CSS</li>
        <li>JavaScript</li>
    </ol>
    <p> 无序列表 </p>
    <ul>
        <li>HTML</li>
        <li>CSS</li>
        <li>JavaScript</li>
    </ul>
</body>
</html>
```

在浏览器预览效果如图 20-2。

有序列表

HTML
CSS
JavaScript

无序列表

HTML
CSS
JavaScript

图 20-2 CSS 去除列表项符号

分析：

“ol,ul{list-style-type:none;}”使用的是 CSS 选择器中的群组选择器。当对多个不同元素定义了相同的 CSS 样式时，我们就可以使用群组选择器。在群组选择器中，元素之间是用逗号隔开，记住是英文的逗号，中文逗号无效。

使用“list-style-type:none”这个小技巧可以去除列表项默认的符号，在实际开发中，我们经常要用到。

20.2 自定义列表项符号 list-style-image

不管是有序列表，还是无序列表，都有它们自身的列表项符号。但是默认的列表项符号都比较丑，如果我们想自定义列表项符号，那该怎么实现呢?

在 CSS 中，我们可以使用 list-style-image 属性来自定义列表项符号。

语法：

list-style-image:url(图像地址);

说明：

图像地址可以是相对地址，也可以是绝对地址。

举例：

我们把下面这个小图标自定义为列表项符号。

```
<!DOCTYPE html>
<html xmlns="http://www.w3.org/1999/xhtml">
<head>
    <title>list-style-image属性</title>
    <style type="text/css">
        ul{list-style-image:url("../App_images/lesson/run_cj/list.
png");}
    </style>
</head>
<body>
    <ul>
        <li>HTML</li>
        <li>CSS</li>
        <li>JavaScript</li>
    </ul>
</body>
</html>
```

在浏览器预览效果如图 20-4。

图 20-3 小图标　　　　图 20-4 自定义列表项符号

分析：

自定义列表项符号，实际上就是将列表项符号改为一张图片，而引用一张图片就要给出图片的路径。在实际开发中，list-style-image 属性用得不多。

20.3 本章总结

对于列表样式的大部分 CSS 属性都在其他章节讲过了。在 CSS 入门中，我们只需要掌握 list-style-type 和 list-style-image 这两个属性即可，这两个属性都是用来控制列表项符号样式的。

1. 列表项符号 list-style-type

在 CSS 中，不管是有序列表还是无序列表，都统一使用 list-style-type 属性来定义列表项符号。

语法：

```
list-style-type: 属性值；
```

说明：

list-style-type 属性取值如下。

有序列表 list-style-type 属性取值

属性值	说明
decimal	默认值，数字 1、2、3……
lower-roman	小写罗马数字 i、ii、iii……

续表

有序列表 list-style-type 属性取值	
属性值	说明
upper-roman	大写罗马数字 I、II、III……
lower-alpha	小写英文字母 a、b、c……
upper-alpha	大写英文字母 A、B、C……

无序列表 list-style-type 属性取值	
属性值	说明
disc	默认值，实心圆“●”
circle	空心圆“○”
square	实心正方形“■”

去除列表项符号	
属性值	说明
none	去除列表项符号

2. 自定义列表符号 list-style-image

在 CSS 中，我们可以使用 list-style-image 属性来自定义列表项符号。

语法：

```
list-style-image:url(图像地址);
```

说明：

图像地址可以是相对地址，也可以是绝对地址。

第 21 章

表格样式

21.1 表格边框合并 border-collapse

在了解什么叫“表格边框合并”之前，我们先来看一下，在默认情况下表格加入边框是怎样的效果。

```
<!DOCTYPE html>
<html xmlns="http://www.w3.org/1999/xhtml">
<head>
    <title>表格边框合并 border-collapse </title>
    <style type="text/css">
        table,th,td{border:1px solid gray;}
    </style>
</head>
<body>
    <table>
        <caption>表格标题 </caption>
        <!-- 表头 -->
        <thead>
            <tr>
                <th>表头单元格 1</th>
        <th>表头单元格 2</th>
            </tr>
        </thead>
        <!-- 表身 -->
        <tbody>
            <tr>
                <td>标准单元格 1</td>
                <td>标准单元格 2</td>
            </tr>
            <tr>
                <td>标准单元格 1</td>
                <td>标准单元格 2</td>
            </tr>
        </tbody>
        <!-- 表脚 -->
        <tfoot>
            <tr>
                <td>标准单元格 1</td>
```

```
                <td>标准单元格 2</td>
            </tr>
        </tfoot>
    </table>
</body>
</html>
```

在浏览器预览效果如图 21-1。

表格标题

表头单元格1	表头单元格2
标准单元格1	标准单元格2
标准单元格1	标准单元格2
标准单元格1	标准单元格2

图 21-1 表格加入边框的效果

thead、tbody 和 tfoot 都是表格中语义化结构标签，这三个标签也是 HTML 代码语义化中非常重要的标签。

大家可以看到了，表格加入边框的默认情况下，单元格与单元格之间有一定的空隙。如果我们要去除单元格之间的空隙，那该怎么办呢？

在 CSS 中，我们可以使用 border-collapse 属性来去除单元格之间的空隙。

语法：

```
border-collapse:属性值;
```

说明：

border-collapse 是表格独有的属性。除了表格，在其他地方是用不上的。

border-collapse 属性取值如下。

border-collapse 属性取值

属性值	说明
separate	边框分开，不合并，这是默认值
collapse	边框合并，如果相邻，则共用一个边框

其中，separate 意思是“分离”，而 collapse 意思是“折叠，瓦解”。根据英文意思，可以帮助我们记忆。

举例：

```
<!DOCTYPE html>
<html xmlns="http://www.w3.org/1999/xhtml">
<head>
    <title>border-collapse 属性 </title>
    <style type="text/css">
        table,th,td{border:1px solid gray;}
        table{border-collapse:collapse;}
    </style>
</head>
<body>
    <table>
        <caption> 表格标题 </caption>
        <!-- 表头 -->
        <thead>
            <tr>
                <th> 表头单元格 1</th>
        <th> 表头单元格 2</th>
            </tr>
        </thead>
        <!-- 表身 -->
        <tbody>
            <tr>
                <td> 标准单元格 1</td>
                <td> 标准单元格 2</td>
            </tr>
            <tr>
                <td> 标准单元格 1</td>
                <td> 标准单元格 2</td>
            </tr>
        </tbody>
        <!-- 表脚 -->
        <tfoot>
            <tr>
                <td> 标准单元格 1</td>
                <td> 标准单元格 2</td>
            </tr>
        </tfoot>
    </table>
</body>
</html>
```

在浏览器预览效果如图 21-2。

表格标题

表头单元格1	表头单元格2
标准单元格1	标准单元格2
标准单元格1	标准单元格2
标准单元格1	标准单元格2

图 21–2　表格边框合并

分析：

我们只需要对 table 元素中定义 border-collapse 属性值就行，没必要在 th、td 这些元素中也定义，以造成代码冗余。

21.2　表格边框间距 border–spacing

我们知道，表格加入边框后在浏览器预览效果如图 21-3。

表格标题

表头单元格1	表头单元格2
标准单元格1	标准单元格2
标准单元格1	标准单元格2
标准单元格1	标准单元格2

图 21–3　表格加入边框的效果

我们在上一节讲解了如何合并表格边框（去除表格边框间距）。但是在实际开发中，有些时候我们却要定义一下表格边框的间距。

在 CSS 中，我们可以使用 border-spacing 属性来定义表格边框间距。

语法：

```
border-spacing: 像素值；
```

说明：

该属性指定单元格边界之间的距离。当只指定了一个像素值时，这个值将作用于横向和纵向上的间距；当指定了两个 length 值时，第一个作用于横向间距，第二个作用于纵向间距。

在 CSS 初学阶段，全部都是使用像素为单位，在 CSS 进阶中我们会深入讲解其他 CSS 单位。

举例：

```
<!DOCTYPE html>
<html xmlns="http://www.w3.org/1999/xhtml">
<head>
    <title>border-spacing 属性 </title>
    <style type="text/css">
        table,th,td{border:1px solid gray;}
        table{border-spacing:5px 10px;}
    </style>
</head>
<body>
    <table>
        <caption> 表格标题 </caption>
        <!-- 表头 -->
        <thead>
            <tr>
                <th> 表头单元格 1</th>
        <th> 表头单元格 2</th>
            </tr>
        </thead>
        <!-- 表身 -->
        <tbody>
            <tr>
                <td> 标准单元格 1</td>
                <td> 标准单元格 2</td>
            </tr>
            <tr>
                <td> 标准单元格 1</td>
                <td> 标准单元格 2</td>
            </tr>
        </tbody>
        <!-- 表脚 -->
        <tfoot>
            <tr>
                <td> 标准单元格 1</td>
                <td> 标准单元格 2</td>
            </tr>
        </tfoot>
    </table>
</body>
</html>
```

在浏览器预览效果如图 21-4。

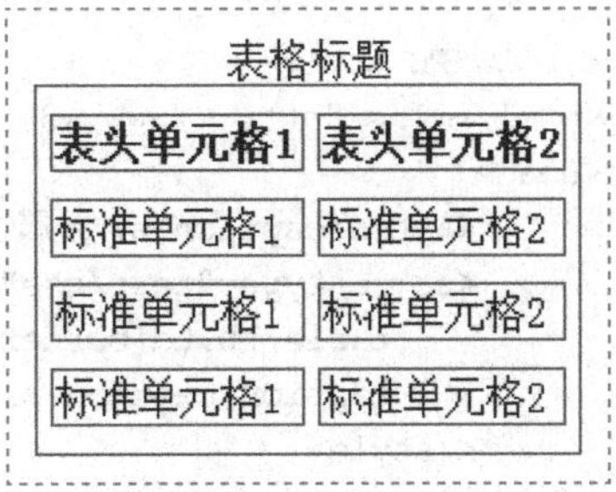

图 21-4 表格边框间距

分析：

"border-spacing:5px 10px" 定义了单元格之间水平方向的间距为 5px，垂直方向的间距为 10px。

border-spacing 属性跟 border-collapse 属性一样，我们只需要对 table 元素中定义 border-spacing 属性值就行，没必要在 th、td 这些元素也定义，以造成代码冗余。

21.3 表格标题位置 caption-side

默认情况下，表格标题位置是在表格的上方，但是如果我们想要把表格标题放在表格的下方，该怎么实现呢？

在 CSS 中，我们可以使用 caption-side 属性来定义表格标题的位置。

图 21-5 表格标题位置在表格下方

语法：

```
caption-side: 属性值；
```

说明：

caption-side 属性取值如下。

caption-side 属性取值

属性值	说明
top	默认值，标题在顶部
bottom	标题在底部

举例：

```
<!DOCTYPE html>
<html xmlns="http://www.w3.org/1999/xhtml">
<head>
    <title>caption-side 属性</title>
    <style type="text/css">
        table,th,td{border:1px solid gray;}
        caption{caption-side:bottom;}
    </style>
</head>
<body>
    <table>
        <caption>表格标题</caption>
        <!-- 表头 -->
        <thead>
            <tr>
                <th>表头单元格 1</th>
        <th>表头单元格 2</th>
            </tr>
        </thead>
        <!-- 表身 -->
        <tbody>
            <tr>
                <td>标准单元格 1</td>
                <td>标准单元格 2</td>
            </tr>
            <tr>
                <td>标准单元格 1</td>
                <td>标准单元格 2</td>
            </tr>
        </tbody>
        <!-- 表脚 -->
        <tfoot>
            <tr>
                <td>标准单元格 1</td>
                <td>标准单元格 2</td>
            </tr>
        </tfoot>
    </table>
</body>
</html>
```

在浏览器预览效果如图 21-6。

分析：

在 HTML 中，表格标题用的是 caption 元素。如果想要定义表格标题的位置，我们可以在 table 元素或 caption 元素中定义，两者效果是一样的。但是一般情况下，我们都是在 table 元素中定义。

表头单元格1	表头单元格2
标准单元格1	标准单元格2
标准单元格1	标准单元格2
标准单元格1	标准单元格2

表格标题

图 21-6 表格标题位置

21.4 本章总结

在 CSS 中，对于表格样式设置包括：边框合并、边框边距、标题位置。

1. 边框合并 border-collapse

在 CSS 中，我们可以使用 border-collapse 属性来去除单元格之间的空隙。

语法：

```
border-collapse: 属性值；
```

说明：

border-collapse 是表格独有的属性。除了表格，在其他地方是用不上的。

border-collapse 属性取值如下。

border-collapse 属性取值

属性值	说明
separate	边框分开，不合并，这是默认值
collapse	边框合并，如果相邻，则共用一个边框

其中，separate 意思是“分离”，而 collapse 意思是“折叠，瓦解”。根据

英文意思，可以帮助我们记忆。

2. 边框边距 border-spacing

在 CSS 中，我们可以使用 border-spacing 属性来定义表格边框间距。

语法：

```
border-spacing: 像素值；
```

说明：

该属性指定单元格边界之间的距离。当只指定了一个像素值时，这个值将作用于横向和纵向上的间距；当指定了两个 length 值时，第一个作用于横向间距，第二个作用于纵向间距。

3. 标题位置 caption-side

在 CSS 中，我们可以使用 caption-side 属性来定义表格标题的位置。

语法：

```
caption-side: 属性值；
```

说明：

caption-side 属性取值如下。

caption-side 属性取值

属性值	说明
top	默认值，标题在顶部
bottom	标题在底部

第 22 章

CSS 盒子模型

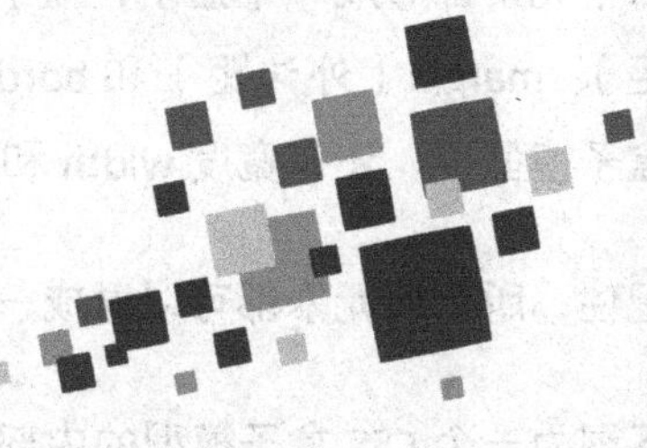

22.1 CSS 盒子模型

在 HTML 入门知识中，我们学习了一个很重要的理论：块元素和行内元素。在这一节中，我们介绍 CSS 中极其重要的一个理论：CSS 盒子模型。

在“CSS 盒子模型”理论中，页面中的所有元素都可以看成一个盒子，并且占据着一定的页面空间。

一个页面由很多这样的盒子组成，这些盒子之间会互相影响，因此掌握盒子模型需要从两个方面来理解：一是理解单独一个盒子的内部结构，二是理解多个盒子之间的相互关系。

每个元素都看成一个盒子，盒子模型是由 content（内容）、padding（内边距）、margin（外边距）和 border（边框）这 4 个属性组成的。此外，在盒子模型中，还有宽度 width 和高度 height 两大辅助性属性。

记住，所有的元素都可以看成一个盒子！

下图为一个 CSS 盒子模型的内部结构。

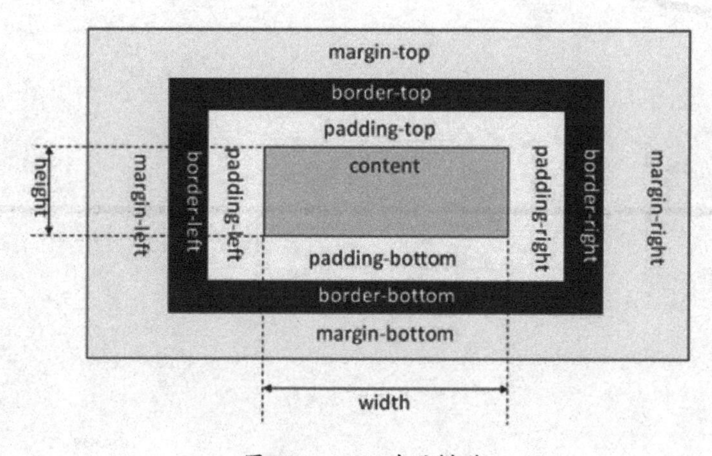

图 22-1 CSS 盒子模型

从上图中我们可以得出盒子模型的属性如下。

CSS 盒子模型 4 个属性

属性	说明
border	（边框）元素边框
margin	（外边距）用于定义页面中元素与元素之间的距离
padding	（内边距）用于定义内容与边框之间的距离
content	（内容）可以是文字或图片

其中，padding 称为“内边距”，也常常称为“补白”。图中的 margin-top 指的是顶部外边距、margin-right 指的是右部外边距，以此类推。

1. 内容区

内容区是 CSS 盒子模型的中心，它呈现了盒子的主要信息内容，这些内容可以是文本、图片等多种类型。内容区是盒子模型必备的组成部分，其他的三部分都是可选的。

内容区有三个属性：width、height 和 overflow。使用 width 和 height 属性可以指定盒子内容区的高度和宽度。在这里注意一点，width 和 height 这两个属性是针对内容区而言，并不包括 padding 部分。

当内容信息太多，超出内容区所占范围时，可以使用 overflow 溢出属性来指定处理方法。

2. 内边距

内边距，指的是内容区和边框之间的空间，可以看做是内容区的背景区域。

关于内边距的属性有 5 种，即 padding-top、padding-bottom、padding-left、padding-right 以及综合了以上 4 个方向的简洁内边距属性 padding。使用这

5 种属性可以指定内容区域各方向边框之间的距离。

3. 边框

在 CSS 盒子模型中，边框跟我们之前学过的边框是一样的。

边框属性有 border-width、border-style、border-color 以及综合了三类属性的快捷边框属性 border。

其中 border-width 指定边框的宽度，border-style 指定边框类型，border-color 指定边框的颜色。

“border-width:1px;border-style:solid;border-color:gray;”等价于“border:1px solid gray;”。

4. 外边距

外边距，指的是两个盒子之间的距离，它可能是子元素与父元素之间的距离，也可能是兄弟元素之间的距离。

外边距使得元素之间不必紧凑地连接在一起，是 CSS 布局的一个重要手段。

外边距的属性也有 5 种，即 margin-top、margin-bottom、margin-left、margin-right 以及综合了以上 4 个方向的简洁内边距属性 margin。

同时，CSS 允许给外边距属性指定负数值，当指定负外边距值时，整个盒子将向指定负值的相反方向移动，以此可以产生盒子的重叠效果。这就是传说中的“负 margin 技术”。我们将会在绿叶学习网 CSS 进阶教程中给读者详细讲解这一个高大上的技术喔。

内容区、内边距、边框、外边距这几个概念可能比较抽象，对于初学者来说，一时半会儿还没办法全部理解。不过没关系，待我们把这一章学习完再回顾，这些概念就变得很简单了。

举例：

```
<!DOCTYPE html>
<html xmlns="http://www.w3.org/1999/xhtml">
<head>
      <title>CSS 盒子模型 </title>
      <style type="text/css">
          #main
          {
              display:inline-block;/* 将块元素转换为 inline-block 元素 */
              border:1px solid #CCCCCC;
          }
          .lvye
          {
              display:inline-block; /* 将块元素转换为 inline-block 元素 */
              padding:20px;
              margin:40px;
              border:1px solid red;
              background-color:#FCE9B8;
          }
          span{border:1px solid blue;background-color:#C5FCDF;}
      </style>
</head>
<body>
      <div id="main">
          <div class="lvye"><span> 绿叶学习网 </span></div>
      </div>
</body>
</html>
```

在浏览器预览效果如图 22-2。

分析：

我们把 class 为 lvye 的 div 层看做一个盒子，则浅蓝色部分为“内容区”，浅红色部分为“内边距区”，红色边框与灰色边框之间的空白为“外边距区”，红色的边框为该盒子的边框。

图 22-2 CSS 盒子模型实例

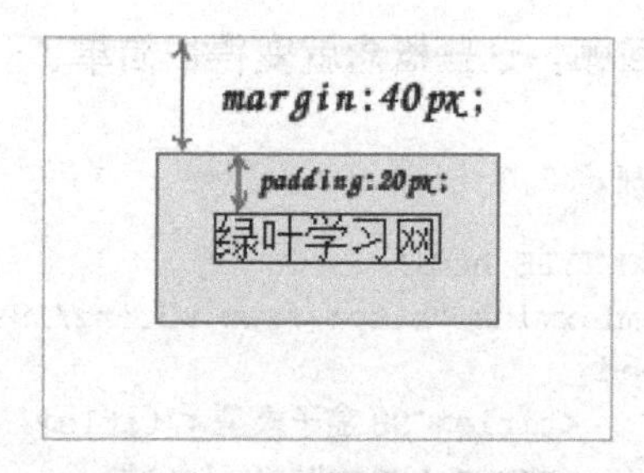

图 22-3 CSS 盒子模型实例分析

当然，我们也可以把最外层的 id 为 main 的 div 层看做一个盒子（因为所有 HTML 元素都可以看做一个盒子来理解），那读者自己尝试一下，为最外层的 id 为 main 的 div 层添加内边距和外边距，然后思考一下该盒子的“内容”、“外边距”、“内边距”和“边框”分别是什么？

我们从图 22-4 很直观地去理解 CSS 盒子模型，读者细细体会一下。

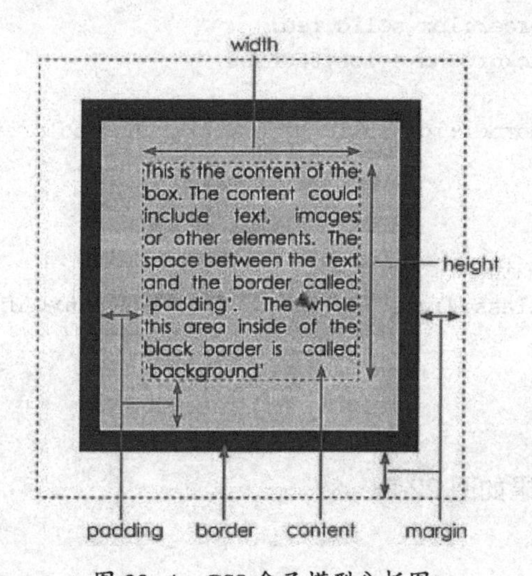

图 22-4 CSS 盒子模型分析图

22.2 宽度 width 和高度 height

从 W3C 标准的 CSS 盒子模型中我们可以看出，元素的宽度 width 和高度

height 是针对内容区而言的，大家要非常清楚这一点。很多初学者容易把内边距也认为是内容区的一部分。

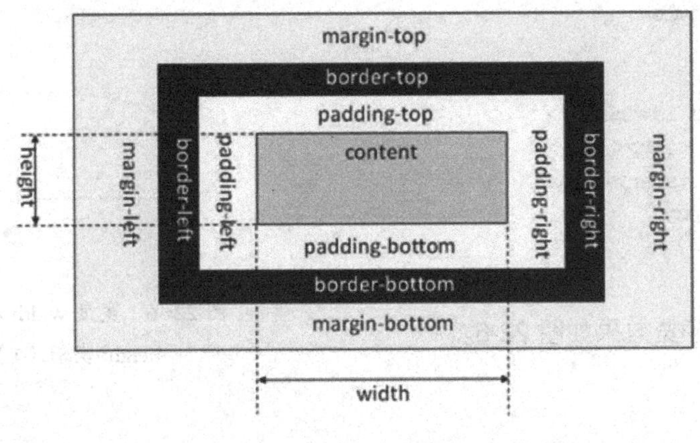

图 22-5　CSS 盒子模型

语法：

```
width：像素值；
height：像素值；
```

说明：

只有块元素能设置 width 和 height，行内元素无法设置 width 和 height。

举例：

```
<!DOCTYPE html>
<html xmlns="http://www.w3.org/1999/xhtml">
<head>
    <title>宽度 width 和高度 height</title>
    <style type="text/css">
        #main div
        {
            width:100px;
            height:30px;
            border:1px solid red;
        }
        #main span
        {
```

```
            width:100px;
            height:30px;
            border:1px solid blue;
        }
    </style>
</head>
<body>
    <div id="main">
        <div></div>
        <span></span>
    </div>
</body>
</html>
```

在浏览器预览效果如图22-6。

图22-6 宽度width和高度height实例（1）

分析：

“#main div{}”这个选择器表示选中id为main的元素下面的子元素div，这是一个子元素选择器；而“#main span{}”这个选择器表示选中id为#main的元素下面的子元素span，这也是一个子元素选择器。关于CSS选择器的知识，忘记了的同学要记得回去翻翻。

div元素是块元素，span是行内元素。因此div元素可以设置宽度width和高度height，而span元素无法设置宽度width和高度height。

举例：

```
<!DOCTYPE html>
<html xmlns="http://www.w3.org/1999/xhtml">
<head>
    <title>宽度width和高度height</title>
    <style type="text/css">
        #main
        {
            border:1px dashed gray;
            padding:15px;
            display:inline-block;   /*将块元素转化为行内块元素*/
            margin-top:100px;
            margin-left:100px;
        }
```

```
            .div1
            {
                width:100px;
                height:40px;
                border:1px solid silver;
            }
            .div2
            {
                width:100px;
                height:80px;
                border:1px solid silver;
            }
        </style>
</head>
<body>
        <div id="main">
            <div class="div1">绿叶学习网</div>
            <hr />
            <div class="div2">绿叶学习网</div>
        </div>
</body>
</html>
```

在浏览器预览效果如图 22-7。

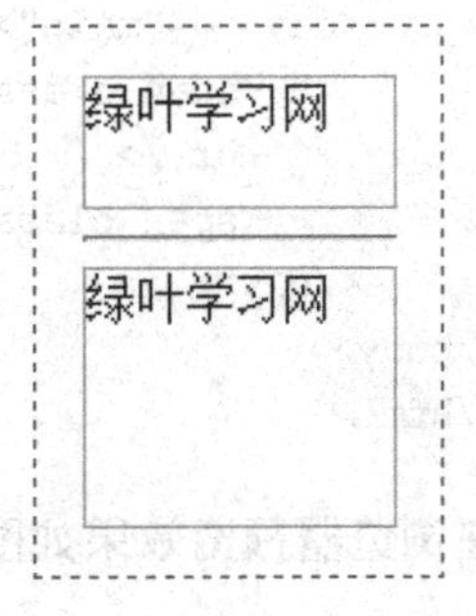

图 22-7 宽度 width 和高度 height 实例（2）

分析：

由于 div 元素是块元素，因此可以设置 width 和 height 这两个属性。

举例：

```
<!DOCTYPE html>
<html xmlns="http://www.w3.org/1999/xhtml">
<head>
        <title>宽度 width 和高度 height</title>
        <style type="text/css">
            #main
            {
                border:1px dashed gray;
                padding:15px;
                display:inline-block;
```

```
            margin-top:100px;
            margin-left:100px;
        }
        .span1
        {
            width:100px;
            height:40px;
            border:1px solid silver;
        }
        .span2
        {
            width:200px;
            height:80px;
            border:1px solid silver;
        }
    </style>
</head>
<body>
    <div id="main">
        <span class="span1">绿叶学习网</span >
        <hr />
        <span class="span2">绿叶学习网</span >
    </div>;
</body>
</html>
```

在浏览器预览效果如图 22-8。

图 22-8 宽度 width 和高度 height 实例（3）

分析：

由于 span 元素是行内元素，因此 span 元素无法设置 width 和 height 这两个属性(设置了变无效)。

如果我们想为 span 元素（行内元素）也设置高度和宽度，那怎么办呢？在 CSS 中，可以使用 display 属性来将行内元素转换为块元素，或者将块元素转换为行内元素。关于 display 属性，可以关注我们的 CSS 进阶教程。

22.3 边框 border

在之前“边框”这一章，我们已经深入学习了边框的属性。再次强调一下，对于 border 属性，我们在实际开发中，更习惯使用“简洁写法”。对于“border:1px solid gray;”这种简洁写法，第一个值指的是框的大小（border-width），第二个值指的是框的样式（border-style），第三个值指的是框的颜色（border-color）。

语法：

border: 像素值 边框类型 颜色值

说明：

两个属性值之间一定要用空格隔开。

举例：

```
<!DOCTYPE html>
<html xmlns="http://www.w3.org/1999/xhtml">
<head>
    <title>边框 border</title>
    <style type="text/css">
        #main
        {
            width:100px;
            height:80px;
            border:2px dashed gray;
        }
    </style>
</head>
<body>
    <div id="main"></div>
</body>
</html>
```

在浏览器预览效果如图 22-9。

图 22-9　边框 border

分析：

这里使用简洁写法为元素定义了一个边框。

22.4 内边距padding

内边距padding，又常常被称为“补白”，它指的是内容区到边框之间的那一部分。

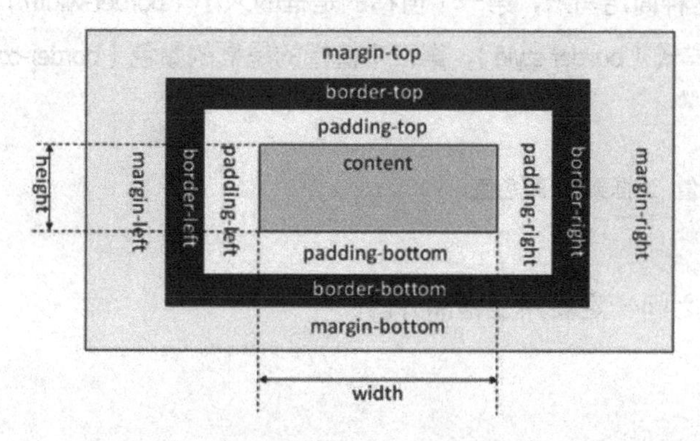

图22-10 CSS盒子模型

22.4.1 padding局部样式

从CSS盒子模型中我们可以看出，内边距padding分为4个方向的内边距：**padding-top、padding-right、padding-bottom、padding-left。**

语法：

```
padding-top: 像素值；
padding-right: 像素值；
padding-bottom: 像素值；
padding-left: 像素值；
```

举例：

```
<!DOCTYPE html>
<html xmlns="http://www.w3.org/1999/xhtml">
<head>
    <title>内边距padding属性</title>
    <style type="text/css">
        #main
```

```
        {
            display:inline-block;/* 将块元素转换为 inline-block 元素 */
            border:1px solid #CCCCCC;
        }
        .lvye
        {
            display:inline-block; /* 将块元素转换为 inline-block 元素 */
            padding-top:20px;
            padding-right:40px;
            padding-bottom:60px;
            padding-left:80px;
            margin:40px;
            border:1px solid red;
            background-color:#FCE9B8;
        }
        span{border:1px solid blue;background-color:#C5FCDF;}
    </style>
</head>
<body>
    <div id="main">
        <div class="lvye"><span>绿叶学习网</span></div>
    </div>
</body>
</html>
```

在浏览器预览效果如图 22-11。

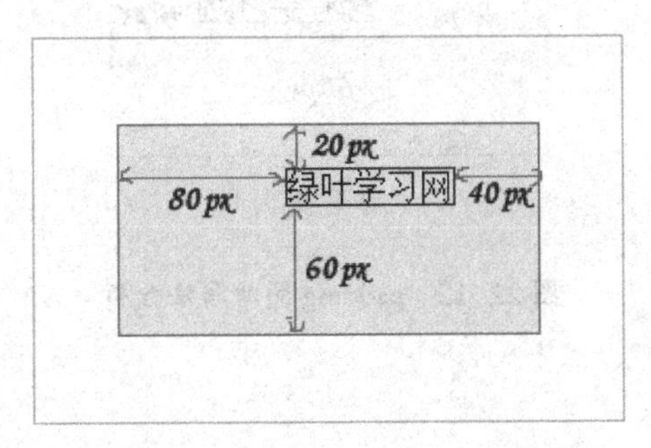

图 22-11 padding 局部样式属性

22.4.2 padding 简洁写法

我们可以使用 padding 属性来设置 4 个方向的内边距。但是在实际开发中，我们往往使用的是padding属性的简洁写法，这样更加高效。

padding写法有三种，分别如下。

“padding:20px;”表示4个方向的内边距都是20px。

“padding:20px 40px;” 表示padding-top和padding-bottom为20px，padding-right和padding-left为40px。

“padding:20px 40px 60px 80px;”表示padding-top为20px，padding-right为40px，padding-bottom为60px，padding-left为80px。大家按照顺时针方向记忆就可以了。

语法：

```
padding:像素值;
padding:像素值1 像素值2;
padding:像素值1 像素值2 像素值3 像素值4;
```

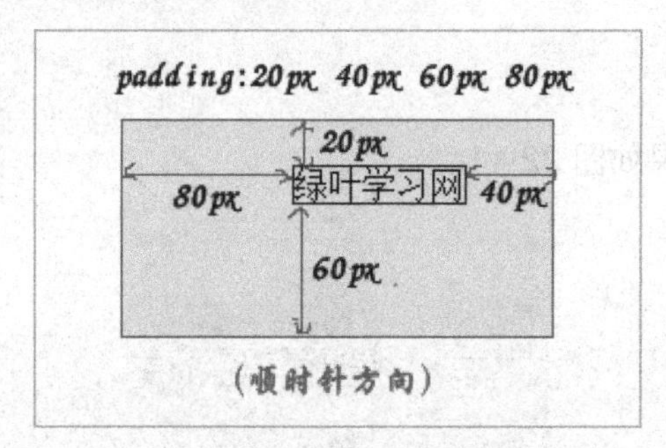

图22-12 padding简洁写法分析

举例：

```
<!DOCTYPE html>
<html xmlns="http://www.w3.org/1999/xhtml">
<head>
    <title> padding属性</title>
    <style type="text/css">
        #main
        {
```

```
            display:inline-block;/* 将块元素转换为 inline-block 元素 */
            border:1px solid #CCCCCC;
        }
        .lvye
        {
            display:inline-block; /* 将块元素转换为 inline-block 元素 */
            padding:40px 80px;
            margin:40px;
            border:1px solid red;
            background-color:#FCE9B8;
        }
        span{border:1px solid blue;background-color:#C5FCDF;}
    </style>
</head>
<body>
    <div id="main">
        <div class="lvye"><span> 绿叶学习网 </span></div>
    </div>
</body>
</html>
```

在浏览器预览效果如图 22-13。

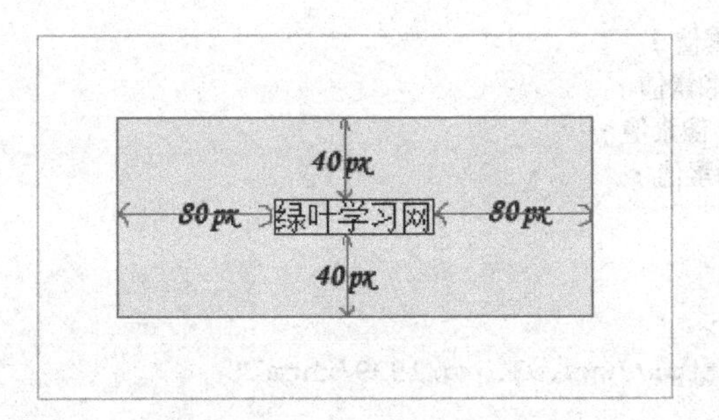

图 22-13 padding 简洁写法

22.5 外边距 margin

外边距 margin，指的是边框到父元素或者同级元素之间的那一部分。

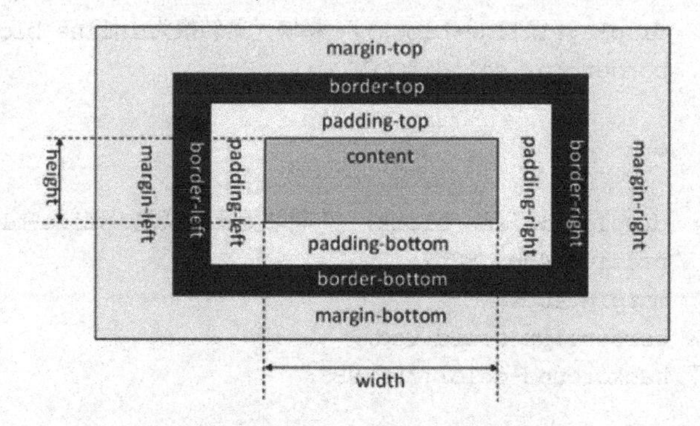

图 22-14 CSS 盒子模型

22.5.1 margin局部样式

从CSS盒子模型中我们可以看出，内边距分为4个方向的内边距：**margin-top**、**margin -right**、**margin -bottom**、**margin -left**。这一点跟内边距padding非常相似。

语法：

```
margin-top:像素值；
margin-right:像素值；
margin-bottom:像素值；
margin-left:像素值；
```

举例：

```
<!DOCTYPE html>
<html xmlns="http://www.w3.org/1999/xhtml">
<head>
    <title>外边距margin属性</title>
    <style type="text/css">
        #main
        {
            display:inline-block;/*将块元素转换为inline-block元素*/
            border:1px solid #CCCCCC;
        }
        .lvye
        {
```

```
            display:inline-block; /* 将块元素转换为 inline-block 元素 */
            padding:20px;
            margin-top:20px;
            margin-right:40px;
            margin-bottom:60px;
            margin-left:80px;
            border:1px solid red;
            background-color:#FCE9B8;
        }
        span{border:1px solid blue;background-color:#C5FCDF;}
    </style>
</head>
<body>
    <div id="main">
        <div class="lvye"><span> 绿叶学习网 </span></div>
    </div>
</body>
</html>
```

在浏览器预览效果如图 22-15。

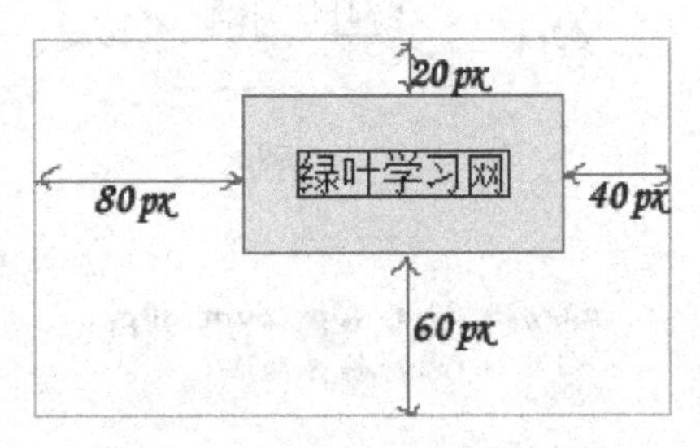

图 22-15 margin 局部样式属性

22.5.2 margin 简洁样式

margin 跟 padding 一样，也有简洁写法。我们可以使用 margin 属性来设置 4 个方向的外边距。在实际开发中，我们往往使用的是 margin 的这种高效简洁写法来编程。

margin 写法有三种，分别如下。

“margin:20px;” 表示 4 个方向的外边距都是 20px；

“margin:20px 40px;” 表示 margin-top 和 margin-bottom 为 20px，margin-right 和 margin-left 为 40px。

“margin:20px 40px 60px 80px;” 表示 margin-top 为 20px，margin-right 为 40px，margin-bottom 为 60px，margin-left 为 80px。大家按照顺时针方向记忆就可以了。

语法：

```
margin: 像素值;
margin: 像素值1 像素值2;
margin: 像素值1 像素值2 像素值3 像素值4;
```

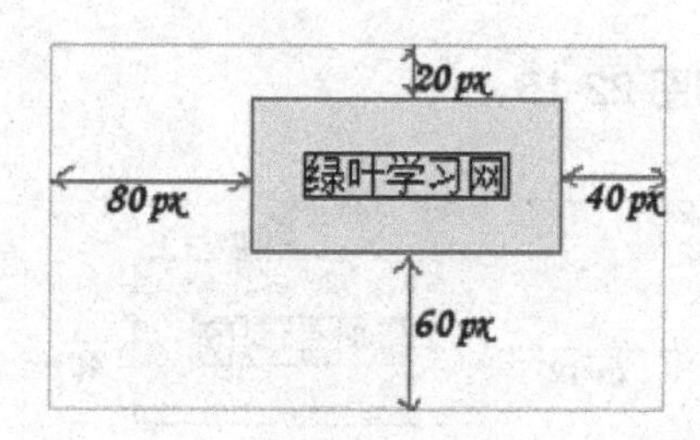

图 22-16 margin 简洁写法分析

举例：

```
<!DOCTYPE html>
<html xmlns="http://www.w3.org/1999/xhtml">
<head>
    <title>CSS 外边距 margin 属性 </title>
    <style type="text/css">
        #main
        {
            display:inline-block;/* 将块元素转换为 inline-block 元素 */
            border:1px solid #CCCCCC;
        }
```

```
        .lvye
        {
            display:inline-block; /* 将块元素转换为 inline-block 元素 */
            padding:20px;
            margin:40px 80px;
            border:1px solid red;
            background-color:#FCE9B8;
        }
        span{border:1px solid blue;background-color:#C5FCDF;}
    </style>
</head>
<body>
    <div id="main">
        <div class="lvye"><span> 绿叶学习网 </span></div>
    </div>
</body>
</html>
```

在浏览器预览效果如图 22-17。

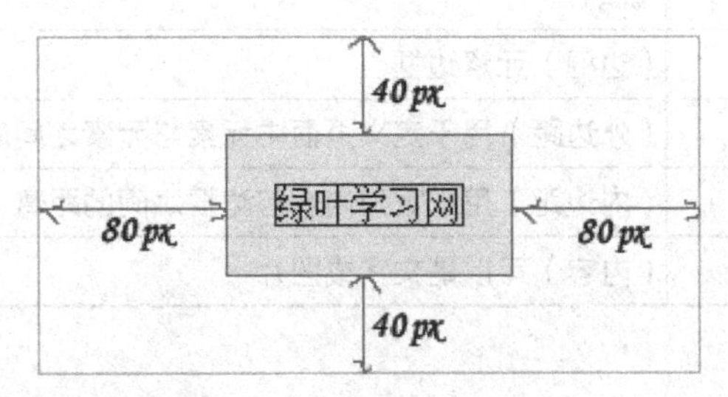

图 22-17 margin 简洁写法

22.6 本章总结

在“CSS 盒子模型”理论中，页面中的所有元素都可以看成一个盒子，并且占据着一定的页面空间。

每个元素都看成一个盒子，盒子模型是由 content（内容）、padding（内边距）、margin（外边距）和 border（边框）这 4 个属性组成的。此外，在盒子模型中，还有宽度 width 和高度 height 两大辅助性属性。

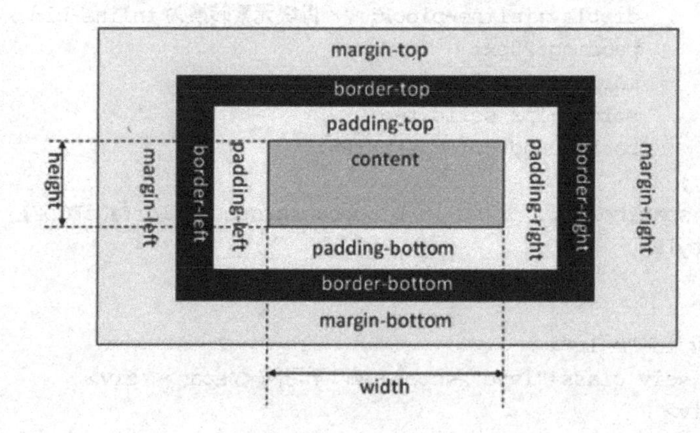

图 22-18 CSS 盒子模型

CSS 盒子模型 4 个属性	
属性	说明
border	（边框）元素边框
margin	（外边距）用于定义页面中元素与元素之间的距离
padding	（内边距）用于定义内容与边框之间的距离
content	（内容）可以是文字或图片

第 23 章

浮动布局

23.1 HTML 文档流

23.1.1 正常文档流动

在学习浮动布局之前，我们先来认识一下什么叫“正常文档流”？深入了解正常文档流，对后面学习浮动布局和定位布局是非常重要的一个前提，希望读者一定不要错过这一节的学习。

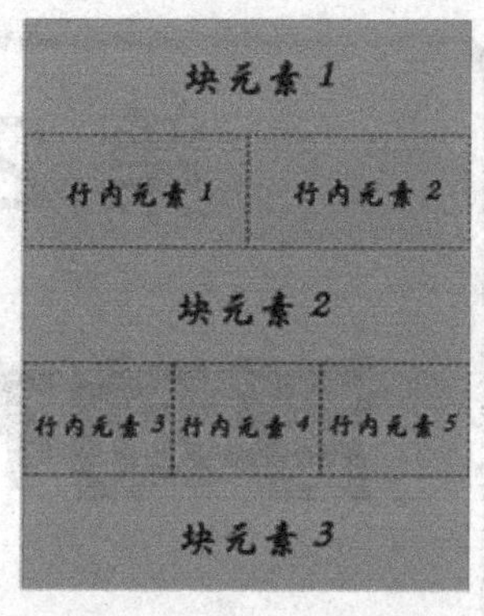

图 23-1 正常文档流

什么叫 HTML 文档流？简单来说，就是元素在页面出现的先后顺序。

那什么叫“正常文档流”呢？我们先来看一下正常文档流的简单定义：正常文档流，将窗体自上而下分成一行一行，块元素独占一行，相邻行内元素在每行中按从左到右依次排列元素。

上面的 HTML 代码的文档流如下：

```
<div><div>
<span></span><span><span>
<p></p>
<span></span><i><i><img/>
<hr/>
```

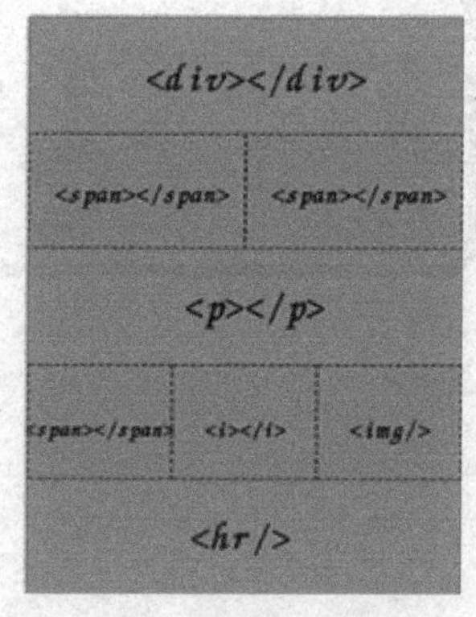

图 23-2 正常文档流代码实例图

我们再好好看看图 23-2 就很容易理解了：

分析：

由于 div、p、hr 都是块元素，因此独占一行。而 span、i、img 都是行内元素，因此如果两个行内元素相邻，就会位于同一行，并且从左到右排列。

23.1.2 脱离正常文档流

脱离文档流是相对正常文档流而言的。正常文档流就是我们没有用 CSS 样式去控制的 HTML 文档结构，你写的界面的顺序就是网页展示的顺序。比如写了 5 个 div 元素。正常文档流就是按照依次显示这 5 个 div 元素。由于 div 元素是块元素，因此每个 div 元素独占一行。

HTML 代码如下：

```
<div id="div1"></div>
<div id="div2"></div>
<div id="div3"></div>
<div id="div4"></div>
<div id="div5"></div>
```

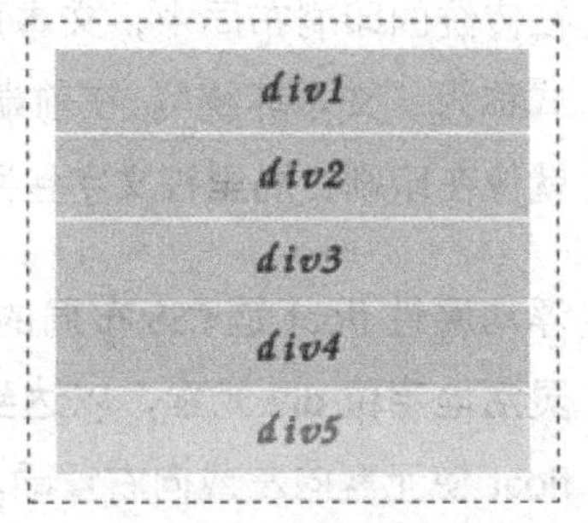

图 23-3 正常文档流显示

上图就是按照正常文档流显示的效果图。

然后，所谓的脱离文档流就是指它所显示的位置和文档代码顺序不一致，比如可以用 CSS 控制，把最后一个 div 元素显示在第一个 div 元素的位置，如图 23-4。

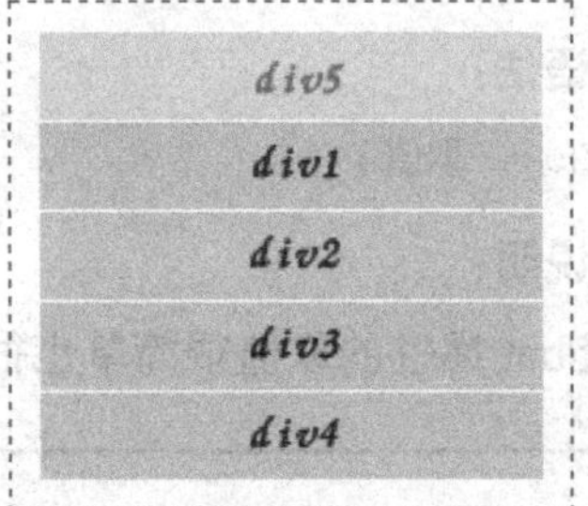

图 23-4 脱离文档流显示

在这张图中，在不改变 HTML 代码顺序的前提下，我们可以通过 CSS 来将 id="div5" 的 div 元素从正常文档流“抽”出来，然后显示在其他 div 元素之前。在这种情况下，id="div5" 的 div 元素就已经“脱离正常文档流”了。

在 CSS 布局中，我们可以使用浮动或者定位这两种技术来实现“脱离正常文档流”，从而随心所欲地控制页面的布局。

“正常文档流”以及“脱离文档流”这两个在 CSS 中是非常重要的理论。这些理论比较抽象，大家在接下来课程的学习和训练中，要慢慢体会，并且要经常回来复习感悟一下。

23.2 浮动 float

在“文字环绕效果 float”这一节，我们已经接触过浮动是怎样一回事了。

在传统的印刷布局中，文本可以按照实际需要来围绕图片。一般把这种方式称为“文本环绕”。在前端开发中，应用了 CSS 的 float 属性的页面元素就像在印刷布局里被文字包围的图片一样。

浮动属性 float 是 CSS 布局的最佳利器，我们可以通过不同的浮动属性值灵活地定位 div 元素，以达到布局网页的目的。我们可以通过 CSS 的属性 float 使元素向左或向右浮动。也就是说，让盒子及其中的内容浮动到文档的右边或者左边。以往这个属性总应用于图像，使文本围绕在图像周围，不过在 CSS 中，任何元素都可以浮动。

浮动元素会生成一个块级框，而不论它本身是何种元素。

语法：

```
float:取值;
```

说明：

float 属性的取值很简单也很容易记忆，就两个属性值。

float 属性

属性值	说明
left	元素向左浮动
right	元素向右浮动

默认情况下，元素是不浮动的。这个表忽略“none”和“inherit”这两个一辈子派不上场的属性值，大家也不需要花心思去理会“none”和“inherit”

这两个属性值。

浮动的性质比较复杂，下面通过一个简单的实例讲解 float 属性的使用。

举例：

```
<!DOCTYPE html>
<html xmlns="http://www.w3.org/1999/xhtml">
<head>
    <title>浮动float属性</title>
    <style type="text/css">
        /*定义父元素样式*/
        #father
        {
            width:400px;
            background-color:#0C6A9D;
            border:1px solid silver;
        }
        /*定义子元素样式*/
        #father div
        {
            padding:10px;
            margin:15px;
            border:2px dashed red;
            background-color:#FCD568;
        }
        /*定义文本样式*/
        #father p
        {
            margin:15px;
            border:2px dashed red;
            background-color:#FCD568;
        }
        #son1
        {
            /*这里设置son1的浮动方式*/
        }
        #son2
        {
            /*这里设置son2的浮动方式*/
        }
```

```
        #son3
        {
            /* 这里设置 son3 的浮动方式 */
        }
    </style>
</head>
<body>
    <div id="father">
        <div id="son1">box1</div>
        <div id="son2">box2</div>
        <div id="son3">box3</div>
        <p> 这里是浮动框外围的文字，这里是浮动框外围的文字，这里是浮动框外围
的文字，这里是浮动框外围的文字，这里是浮动框外围的文字，这里是浮动框外围的文字，
</p>
    </div>
</body>
</html>
```

分析：

上面代码定义了 4 个 div 块，一个是父块，另外三个是它的子块。为了便于观察，将各个块都加上了边框以及背景颜色，并且让 body 以及各个 div 有一定的 margin（外边距）。

如果三个子块都没有设置浮动方式，在父盒子中，由于 div 元素是块元素，因此 4 个盒子各自向右伸展，并且自上而下排列，如图 23-5。

1. 设置第一个 div 浮动

```
#son1
{
    /* 这里设置 son1 的浮动方式 */
    float:left;
}
```

在浏览器预览效果如图 23-6。

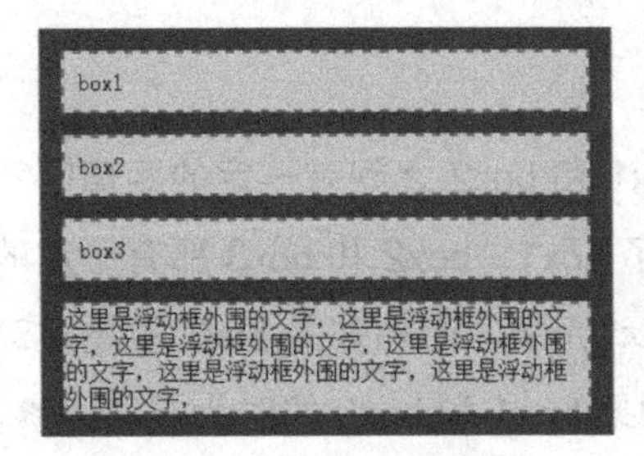

图 23-5 浮动实例

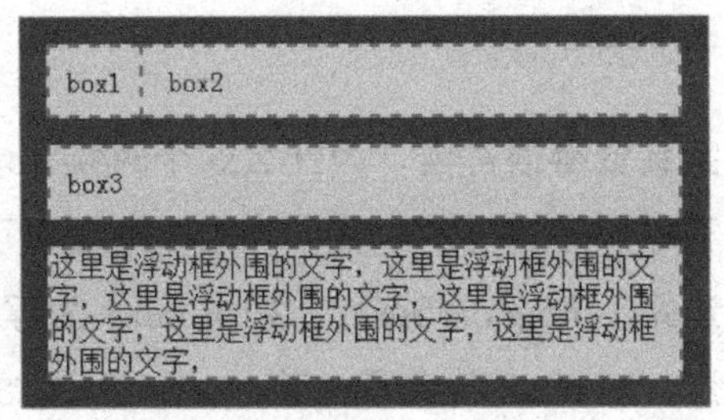

图 23-6 设置第一个 div 浮动

分析：

由于 box1 设置为左浮动，box1 变成了浮动元素，因此此时 box1 的宽度不再延伸，其宽度为容纳内容的最小宽度，而相邻的下一个 div 元素（box2）就会紧贴着 box1，这是由于浮动引起的效果。

大家可以在本地编辑器中，设置一下 box1 右浮动，看看实际效果是怎样的。

2. 设置第二个 div 浮动

```
#son2
{
    /* 这里设置 son2 的浮动方式 */
    float:left;
}
```

在浏览器预览效果如图 23-7。

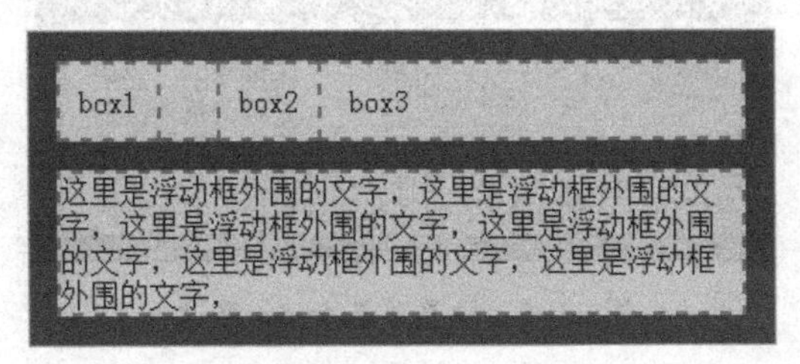

图 23-7 设置第 2 个 div 浮动

分析：

由于 box2 变成了浮动元素，因此 box2 也跟 box1 一样，宽度不再延伸，而是由内容确定宽度。并且相邻的下一个 div 元素（box3）变成紧贴着浮动的 box2。

大家会觉得很奇怪，为什么这个时候 box1 和 box2 之间有一定的距离呢？其实原因是这样的：我们在 CSS 中设置了 box1、box2 和 box3 都有一定的外边距（margin:15px;），如果 box1 为浮动元素，而相邻的 box2 不是浮动元素，则 box2 就会紧贴着 box1；但是如果 box1 和 box2 同时为浮动元素，外边距就会生效。这是由于浮动元素的特性决定的。大家不需要深究这个问题。“浮动”虽然是个复杂的性质，但我们只需要多加练习，慢慢就会感性认知它的各种性质。

在这里，大家可以在本地编辑器中，设置一下 box2 右浮动，看看效果是怎样的。

3. 设置第三个 div 浮动

```
#son3
{
    /* 这里设置 son3 的浮动方式 */
    float:left;
}
```

在浏览器预览效果如图 23-8。

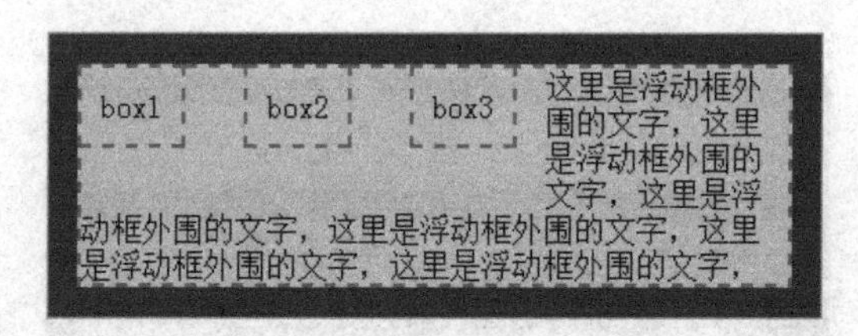

图 23-8 设置第三个 div 浮动

分析：

由于 box3 变成了浮动元素，因此 box3 跟 box2 和 box1 一样，宽度不再延伸，而是由内容确定宽度，并且相邻的下一个 p 元素（box3）变成紧贴着浮动的 box3。

由于 box1、box2 和 box3 都是浮动元素，box1、box2 和 box3 之间的 margin 属性生效。

4. 改变浮动的方向

在这里，我们将 box3 浮动方式改为“float:right”，在浏览器预览效果如图 23-9。

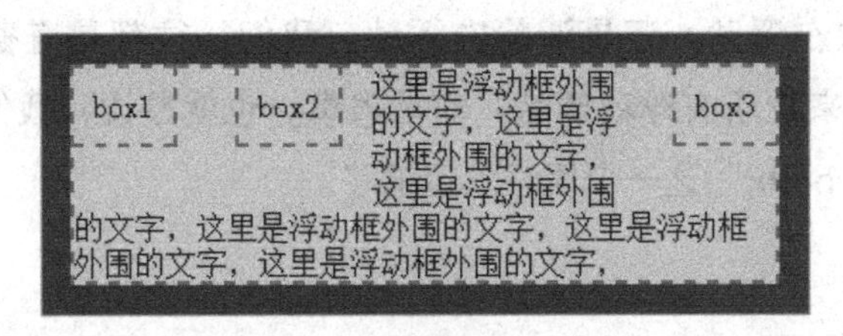

图 23-9 设置第四个 div 浮动

float 属性是 CSS 布局中非常重要的属性，我们常常通过对 div 元素应用 float 浮动来进行布局，不但可以对整个版式进行规划，也可以对一些基本元素，如导航等进行排列。

浮动，这个属性对于初学者来说，并不能立刻掌握，需要经历过大量的练习，然后细细体会。

23.3 清除浮动 clear

在 CSS 中，清除浮动都是在定义了浮动的元素之后设置的。

语法：

```
clear: 取值;
```

说明：

clear 属性取值如下。

clear 属性取值

属性值	说明
left	清除左浮动
right	清除右浮动
both	左右浮动一起清除

使用 clear 属性清除浮动，我们比较少使用“clear:left;”或者“clear:right;”来判断是清除左浮动，还是清除右浮动。我们往往都是直截了当地使用“clear:both;”来把所有浮动清除，非常省事。也就是说，我们在这一节只要学会“clear:both;”这一个属性就足够了。

举例：

```
<!DOCTYPE html>
<html xmlns="http://www.w3.org/1999/xhtml">
<head>
    <title>CSS 清除浮动 </title>
    <style type="text/css">
        /* 定义父元素样式 */
        #father
        {
            width:400px;
            background-color:#0C6A9D;
            border:1px solid silver;
        }
        /* 定义子元素样式 */
        #father div
        {
            padding:10px;
            margin:15px;
            border:2px dashed red;
            background-color:#FCD568;
        }
        /* 定义文本样式 */
        #father p
        {
            margin:15px;
            border:2px dashed red;
```

```
            background-color:#FCD568;
        }
        #son1
        {
            /* 这里设置 son1 的浮动方式 */
            float:left;
        }
        #son2
        {
            /* 这里设置 son2 的浮动方式 */
            float:left;
        }
        #son3
        {
            /* 这里设置 son3 的浮动方式 */
            float:right;
        }
    </style>
</head>
<body>
    <div id="father">
        <div id="son1">box1</div>
        <div id="son2">box2</div>
        <div id="son3">box3</div>
         <p> 这里是浮动框外围的文字，这里是浮动框外围的文字，这里是浮动框外围
的文字，这里是浮动框外围的文字，这里是浮动框外围的文字，这里是浮动框外围的文字，
</p>
    </div>
</body>
</html>
```

在浏览器预览效果如图 23-10。

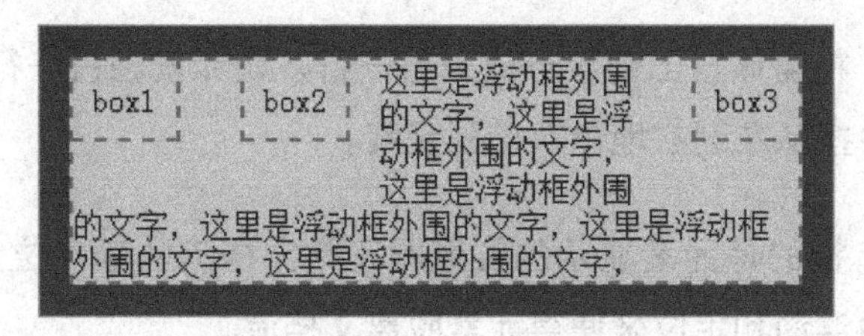

图 23-10 定义浮动后效果

我们添加如下 CSS 样式：

```
p{clear:both;}
```

这个时候在浏览器预览效果如图 23-11。

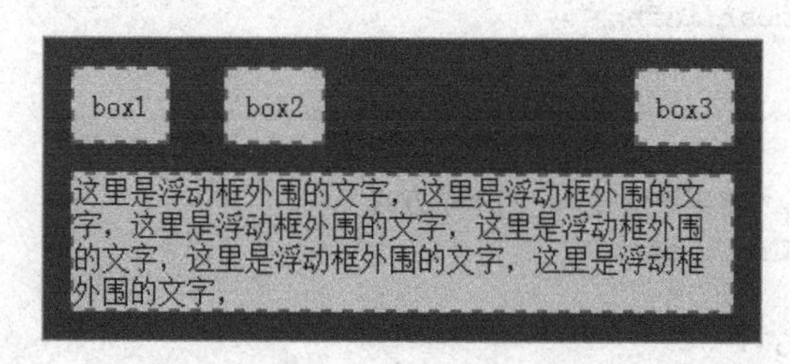

图 23-11 清除浮动后效果

分析：

由于 p 元素清除了浮动，所以 p 元素的前一个元素产生的浮动就不会对后续元素产生影响，因此 p 元素的文本不会环绕在浮动元素的周围。

除了使用 clear 属性来清除浮动，还可以采用“overflow:hidden;”来清除浮动。想要更加深入学习浮动布局的内容，可以关注绿叶学习网 CSS 进阶教程。

23.4 本章总结

1. HTML 文档流

HTML 文档流，指的是元素在页面出现的先后顺序。

正常文档流，将窗体自上而下分成一行一行，块元素独占一行，相邻行内元素在每行中按从左到右地依次排列元素。

脱离文档流，指的是元素显示的位置跟正常文档流的顺序位置不一致了。我们可以使用浮动和定位来使得元素脱离文档流。

2. 浮动

在 CSS 中，浮动分为两种：左浮动和右浮动。

语法：

```
float: 取值；
```

说明：

float 属性的取值很简单也很容易记忆，就两个属性值。

float 属性取值

属性值	说明
left	元素向左浮动
right	元素向右浮动

3. 清除浮动

在 CSS 中，清除浮动都是在定义了浮动的元素之后设置的。

语法：

```
clear: 取值；
```

说明：

clear 属性取值如下。

clear 属性取值

属性值	说明
left	清除左浮动
right	清除右浮动
both	左右浮动一起清除

不管是左浮动，还是右浮动，我们往往都是直截了当地使用“clear:both;”来把所有浮动清除，非常省事。

第 24 章

定位布局

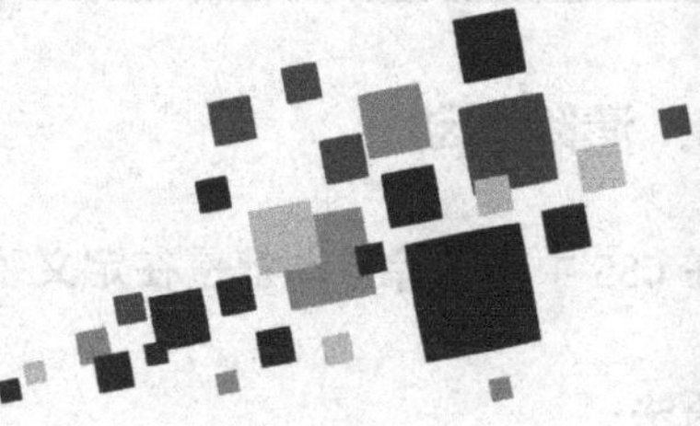

24.1 定位布局简介

在上一章，我们学习了浮动布局。浮动布局比较灵活，但是不容易控制。而定位布局的出现，使得用户精准定位页面中的任意元素成为可能，页面布局操作变得更加随心所欲。当然由于定位布局缺乏灵活性，也给空间大小和位置不确定的版面布局带来困惑。因此，在网页布局实战中，大家应该灵活使用这两种布局方式，满足个性设计需求。

CSS 定位使你可以将一个元素精确地放在页面上你指定的地方。联合使用定位和浮动，能够创建多种高级而精确的布局。

布局定位共有 4 种方式。

① 固定定位（fixed）

② 相对定位（relative）

③ 绝对定位（absolute）

④ 静态定位（static）

24.2 固定定位 fixed

在 CSS 中，固定定位是最直观且最容易理解的定位方式。先来介绍固定定位，让大家感受一下定位布局是怎样一回事。

当元素的 position 属性设置为 fixed 时，这个元素就被固定了，被固定的元素不会随着滚动条的拖动而改变位置。在视野中，固定定位的元素的位置是不会改变的。这个效果，跟绿叶学习网右下角的回顶部特效是一样的。

语法：

```
position:fixed;
top: 像素值 ;
bottom; 像素值 ;
left: 像素值 ;
right: 像素值 ;
```

说明：

"position:fixed;"是结合top、bottom、left和right这4个属性一起使用的，其中"position:fixed;"使得元素成为固定定位元素，接着使用top、bottom、left和right这4个属性来设置元素相对浏览器的位置。

top、bottom、left和right这4个属性不一定全部都用到。注意，这4个值的参考对象是浏览器的4条边。

在CSS入门学习中，我们建议初学者使用像素为单位。

举例：

```
<!DOCTYPE html>
<html xmlns="http://www.w3.org/1999/xhtml">
<head>
    <title> 固定定位 </title>
    <style type="text/css">
        #first
        {
            width:120px;
            height:600px;
            border:1px solid gray;
            line-height:600px;
            background-color:#B7F1FF;
        }
        #second
        {
            position:fixed;/* 设置元素为固定定位 */
            top:30px;/* 距离浏览器顶部 30px*/
            left:160px;/* 距离浏览器左部 160px*/
            width:60px;
            height:60px;
```

```
            border:1px solid silver;
            background-color:#FA16C9;
        }
    </style>
</head>
<body>
    <div id="first">无定位的 div 元素 </div>
    <div id="second">固定定位的 div 元素 </div>
</body>
</html>
```

在浏览器预览效果如图 24-1。

分析：

我们尝试拖动浏览器的滚动条，固定定位的 div 元素不会有任何位置改变，但是没有定位的 div 元素会改变，如图 24-2。

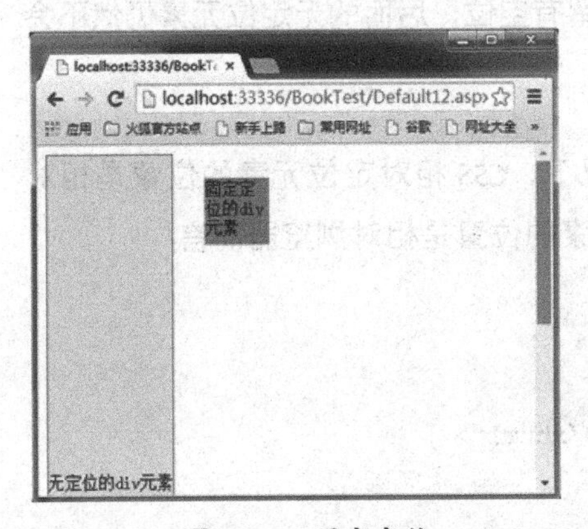

图 24-1 固定定位

图 24-2 拖动滚动条后的效果

注意一下，我们在这里只使用了 top 和 left 属性来设置元素相对于浏览器顶边和左边的距离就可以准确定位该元素的位置了。top、bottom、left 和 right 这 4 个属性不必全部用到，大家稍微想一下就懂了。

24.3 相对定位 relative

采用相对定位的元素，其位置是相对于它的原始位置计算而来的。在 CSS

中，相对定位是通过将元素从原来的位置向上、向下、向左或者向右移动来定位的。采用相对定位的元素会获得相应的空间。

语法：

```
position:relative;
top: 像素值 ;
bottom: 像素值 ;
left: 像素值 ;
right: 像素值 ;
```

说明：

“position:relative;”是结合 top、bottom、left 和 right 这 4 个属性一起使用的，其中“position:relative;”使得元素成为相对定位元素，接着使用 top、bottom、left 和 right 这 4 个属性来设置元素相对原始位置的距离。相对定位的容器浮上来后，其所占的位置仍然留有空位，后面的无定位元素仍然不会“挤上来”。

在这里要非常清楚这一点：默认情况下，CSS 相对定位元素的位置是相对于原始位置而言，而 CSS 固定定位元素的位置是相对浏览器而言！

举例：

```
<!DOCTYPE html>
<html xmlns="http://www.w3.org/1999/xhtml">
<head>
    <title> 相对定位 </title>
    <style type="text/css">
        #father
        {
            margin-top:30px;
            margin-left:30px;
            border:1px solid silver;
            background-color: #B7F1FF;
        }
        #father div
        {
            width:100px;
            height:60px;
```

```
            margin:10px;
            border:1px solid silver;
            background-color:#FA16C9;
        }
        #son2
        {
            /* 这里设置 son2 的定位方式 */
        }
    </style>
</head>
<body>
    <div id="father">
        <div id="son1"> 第 1 个无定位的 div 元素 </div>
        <div id="son2"> 相对定位的 div 元素 </div>
        <div id="son3"> 第 2 个无定位的 div 元素 </div>
    </div>
</body>
</html>
```

在浏览器预览效果如图 24-3。

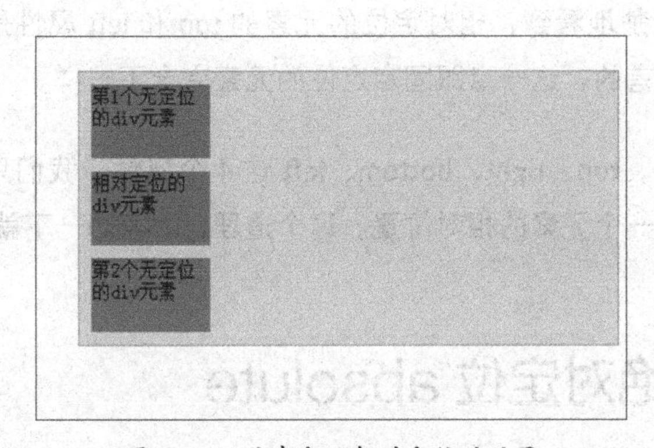

图 24-3　没有定义相对定位时效果

分析：

我们为将第二个 div 元素改变为相对定位元素：

```
#son2
{
    /* 这里设置 son2 的定位方式 */
    position:relative;
```

```
    top:20px;
    left:40px;
}
```

在浏览器预览效果如图 24-4。

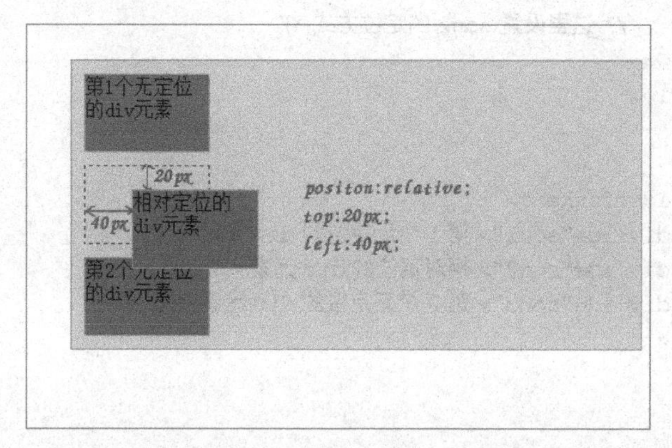

图 24-4 定义相对定位后的效果

在这里可以清楚地看到，相对定位的元素的 top 和 left 属性是相对于该元素原始位置而言的，这一点跟固定定位的元素完全不一样。

在相对定位中，top、right、bottom、left 这 4 个属性，我们只需要其中两个属性就确定一个元素的相对位置。这个道理，大家想一下就懂了。

24.4 绝对定位 absolute

当元素的 position 属性值为 absolute 时，这个元素就变成了绝对定位元素。绝对定位在几种定位方法中使用最广泛，这种方法能够很精确地把元素移动到任意你想要的位置。

一个元素变成了绝对定位元素，这个元素就完全脱离正常文档流了，绝对定位元素的前面或者后面的元素会认为这个元素并不存在，即这个元素浮于其他元素上面，它是独立出来的。

什么叫“脱离正常文档流”，请参考“HTML 文档流”这一节。

语法：

```
position:absolute;
top: 像素值；
bottom: 像素值；
left: 像素值；
right: 像素值；
```

说明：

“position:absolute;”是结合 top、bottom、left 和 right 这 4 个属性一起使用的，其中“position:absolute;”使得元素成为绝对定位元素，接着使用 top、bottom、left 和 right 这 4 个属性来设置元素相对浏览器的位置。

现在，我们暂且可以这样理解：CSS 固定定位元素和 CSS 绝对定位元素的位置是相对于浏览器而言；而 CSS 相对定位元素的位置是相对于原始位置而言。

举例：

```
<!DOCTYPE html>
<html xmlns="http://www.w3.org/1999/xhtml">
<head>
    <title>绝对定位</title>
    <style type="text/css">
        #father
        {
            padding:15px;
            background-color:#0C6A9D;
            border:1px solid silver;
        }
        #father div
        {
            padding:10px;
            background-color:#FCD568;
            border:1px dashed red;
        }
        #son2
```

```
            {
                /* 在这里添加 son2 的定位方式 */
            }
        </style>
</head>
<body>
        <div id="father">
            <div id="son1">box1</div>
            <div id="son2">box2</div>
            <div id="son3">box3</div>
        </div>
</body>
</html>
```

在浏览器预览效果如图24-5。

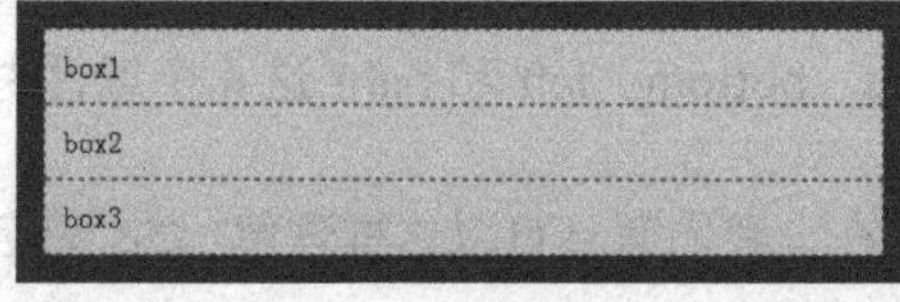

图24-5 没有定义绝对定位时的效果

我们为第二个div元素son2添加如下代码：

```
#son2
{
        /* 在这里添加 son2 的定位方式 */
        position:absolute;
        top:0;
        right:0;
}
```

在浏览器预览效果如图24-6。

图24-6 定义绝对定位后的效果

分析：

至此，我们已经把最重要的三种定位方式都学完了。在初学者阶段，对于固定定位元素、相对定位元素和绝对定位元素，我们暂且这样记忆：默认情况下，固定定位元素和绝对定位元素的位置是相对于浏览器而言，而相对定位元素的位置是相对原始位置而言。

大部分人看到这里就会疑惑了，“固定定位元素和绝对定位元素的位置是相对于浏览器而言，而相对定位元素的位置是相对原始位置而言”这句话真的正确吗？不正确！正确的描述要加一个前提→“默认情况下”。

在这里，很多初学者会对各种定位元素的相对位置有很多的疑问，大家不要担心，浮动与定位可以说是 CSS 中最灵活和最困难的知识点。大家可以关注绿叶学习网的 CSS 进阶教程，我们会详细而深入地去介绍，到时候读者朋友们就可以 100% 理解定位布局的本质。

24.5　CSS 静态定位 static

如果没有指定元素的 position 属性值，也就是默认情况下，元素是静态定位。只要是支持 position 属性的 HTML 对象都是默认为 static。static 是 position 属性的默认值，它表示块保留在原本应该在的位置，不会重新定位。

说白了，平常我们根本就用不到“position:static”。不过呢，如果有时候我们使用 JavaScript 来控制元素定位的时候，如果想要使得其他定位方式的元素变成静态定位，就要使用“position:static;”来实现。

在 CSS 入门阶段，只需要深入学习固定定位（fixed）、相对定位（relative）和绝对定位（absolute），我们就已经可以走得很远了。

附录

HTML 标签的语义

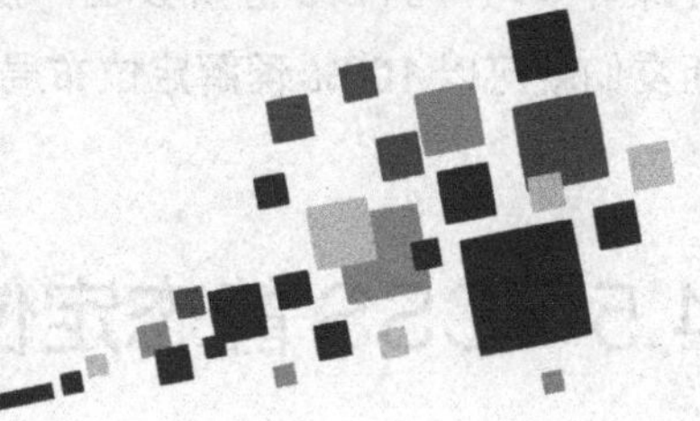

标签语义对照表

标签名	英文全称	中文解释
div	division	分割（块元素）
span	span	区域（行内元素）
p	paragraph	段落
ol	ordered list	有序列表
ul	unordered list	无序列表
li	list item	列表项
dl	definition list	定义列表
dt	definition term	定义术语
dd	definition description	定义描述
h1～h6	header1～header6	标题 1～标题 6
hr	horizontal rule	水平线
a	anchor	锚点，超链接
strong	strong	强调（粗体）
em	emphasized	强调（斜体）
sup	superscripted	上标
sub	subscripted	下标
br	break	换行
fieldset	fieldset	域集
legend	legend	图例
caption	caption	（表格、图像等）标题
thead	table head	表头
tbody	table body	表身
tfoot	table foot	表脚
th	table header	表头单元格
td	td	表身单元格

在 HTML 学习中，语义是最重要的东西。上面这张表列举了 HTML 最常用的一些标签及其语义，这是一张非常有价值的表，大家可不要浪费了。

从这张表中，我们可以深入了解常用标签的含义，有利于我们记忆这些标签。而且我们可以只看中文来默写标签名。

1. 基本简介

（1）HTML（HyperTextMark-upLanguage），即超文本标记语言，用于描述网页文档的标记语言。

（2）我们常用数字来描述 HTML 的版本号，目前 HTML 的最新版本为 HTML5。

（3）HTML 由蒂姆 • 伯纳斯 - 李（Tim Berners-Lee）给出原始定义，由因特网工程工作小组 IETF（Internet Engineering Task Forse）用简化的语法进行进一步发展的 HTML，后来成为国际标准，由万维网联盟（W3C）维护。

（4）HTML 内容的文件最常用的扩展名是 .html，但是像 DOS 这样的旧操作系统限制扩展名为最多 3 个字符，所以 .htm 扩展名也被使用，当然 .htm 目前用得极少。

2. 互联网之父

W3C 创始人、html 设计者、万维网之父——蒂姆 • 伯纳斯 - 李 Tim Berners-Lee。

1976 年蒂姆毕业于牛津大学物理系。

1984 年，一次偶然机会他去了瑞士，进入欧洲原子核研究所，那边有很多来自各国的分支机构。那时候没有浏览器，没有万维网，人们只能靠电话邮件去联络，非常麻烦。于是上级提议要把各个电脑进行联网，实现资源共享。蒂姆很感兴趣，他在思索，能否把计算机也模拟成人脑，通过神经传递自主反应。经过一番艰苦努力，他终于做出了第一款浏览器 "Enguire"（用于数据共享浏览等），在实验室深受好评。首战告捷激发了他更强大的创造热情，他想继续研究，但却没有得到上级的支持，经过他的一番软磨硬泡后，上级终于同意给他拨出一些经费，让他继续研究。

1989 年蒂姆成功地开发出了世界上第一个 Web 服务器和第一个 Web 客户

机，他给这项发明正式取名为 world wide web，也就是我们现在所熟悉的 WWW（万维网、因特网）。HTML 也由此诞生。

1991 年 WWW 在 Internet 上首次露面，立即引起世界轰动，并被广泛地推广、应用。

如今作为 Web 之父的蒂姆 • 贝纳斯 • 李已经功成名就，但他并没有想过要靠 WWW 的建立发家致富，而是仍然坚守在学术研究岗位上，在 WWW 的百家争鸣中扮演一个技术直辖市的角色。这一点与比尔盖茨大不相同。虽然没有获得巨额财富，名字没有比尔盖茨来的响亮，但是他仍然受到人们的尊敬，被誉为“互联网之父”。

3. HTML 发展史

（1）超文本标记语言（第一版）

1993 年，因特网工程工作小组 IETF 发布的一个草案。（并非标准版，实际上并没有 HTML1.0 版官方规范，因为当时出现很多种版本，很多标记用的很乱。HTML Tags 文档可以算是 HTML 的第一个版本）

1994 年，蒂姆创建了非赢利性的万维网联盟 W3C（World Wide Web Consortium），邀集 Microsoft、Netscape、Sun、Apple、IBM 等共 155 家互联网上的著名公司，致力达到 WWW 技术标准化的协议，并进一步推动 Web 技术的发展。蒂姆认为，W3C 最基本的任务就是维护互联网的对等性，让它保有最起码的秩序。

（2）HTML 2.0

1995 年，HTML 2.0 作为 RFC 1866（RFC 即 Request for Comments，它包含了关于 Internet 的几乎所有重要的文字资料，1866 为编号）发布。

在 2000 年 RFC2854 发布之后，HTML2.0 被宣布已经过时。

（3）HTML 3.2

1996 年，由蒂姆组织的 W3C 对 HTML 进行语言规范，HTML3.2 是 W3C 的推荐标准。

（4）HTML 4.0

1997 年，W3C 推荐标准

（5）HTML 4.01（微小改进）

1999 年，W3C 推荐标准。同年 W3C 对 HTML 的发展做了展望：

W3C 认为 HTML 有缺陷，比如形式和内容无法分离、标记单一等，觉得它前途渺茫，于是转而主攻语言更加规范的 XML，以弥补 HTML 的不足。但此时全世界已有成千上万的网页经由 HTML 编写，故 W3C 只能放慢脚步，决定从 XHTML 逐渐过渡到 XML。

（6）XHTML 1.0

2000 年发布，W3C 推荐标准，其中 X 代表“extensible”，扩展，当然也有人将之解读为“extreme”，极端。其实 XHTML 1.0 与 HTML4.01 的内容是一样的，唯一的不同是编码的严谨程度。XHTML 1.0 使用了 XML 语法，规定所有属性、元素必须使用小写字母，属性值必须加引号，标签必须有结束标签。而 HTML4.01 的语法很松散。此时 CSS 发展得如火如荼，CSS+XHTML1.0 成为很多专业人员编码的最佳组合。

XHTML 1.0 后来经过修订，于 2002 年 8 月 1 日重新发布。

（7）XHTML 1.1

2001 年发布，与 XHTML 1.0 唯一的不同就是文档必须标记为 XML 文档，而以前使用 XHTML1.0 却可以把文档标记为 HTML。很多浏览器无法正确解析处理 XML 格式的文档，用户用的十分痛苦。W3C 似乎正在与当时的 Web 脱节。

（8）XHTML 2.0

这是一种理论上的格式。它残留了 XHTML1.0 那个严重的问题，还有意不再兼容已有的 HTML 各个版本。开发人员、浏览器厂商都不支持它，它过于规范，太不现实。

2004 年 Opera、Apple 等浏览器厂商脱离 W3C，成立了 WHATWG（超文本应用技术工作组），对 HTML 加以修缮，往 HTML5 的路进军，不久后初见成效。

2006 年，XHTML2 没有实质性进展。蒂姆反思，决定重组 HTML 工作组。

（9）HTML 5.0

2007 年，组建 HTML5 工作组，在 WHATWG 的基础上进行研究，由 WHATWG 工作组的编辑来编写规范。因此，出现如今了"一种格式，两个版本（HTML 和 XHTML）"的局面。你会发现现在很多网站还保留有 XHTML 1.1、XHTML 1.0 或者 HTML 4.01 这三种文档类型（doctype）规范。而随着 HTML5 的到来，一个更简洁的 doctype（<!DOCTYPE html>）也已运用于各大网站。

2009 年，W3C 宣布终止 XHTML2 的工作。

HTML5 是目前最新的 HTML 规范，已被 W3C 接纳，每一个 web 开发人员将会发现自己需要使用这项新的标准工作。不过 HTML5 依然是一个制定中的标准，它还处于初级阶段，很多新东西还在不断变化。

而 HTML4 已经运行了 10 岁，它作为正式标准的事实一直没变。因此你会发现很多人会在产品里面使用 HTML4，却只在实验里使用 HTML5。

后记

当小伙伴们看到这里的时候，已经说明大家对 HTML 和 CSS 有了基本的掌握，稍加练习，对于一般的页面都可以做出来了。下一步，我们就应该进军 JavaScript 了。

很多作者力求在一本书中把 HTML 和 CSS 都讲解了，其实这是不现实的。因为读者需要一个循序渐进的过程，才能更好地把技术学透，特别是 IT 编程方面的技术。本书是 HTML 和 CSS 的基础部分，不过我相信已经把市面上大多数同类书籍的知识点都讲解了。

对于小伙伴们，笔者要说一点：不要奢求只看一个教程就能把 HTML 和 CSS 学透，那是不可能的。从心理学角度来看，一个知识要在多个不同场合下碰到，学习者才会有深刻的理解和记忆。本书已经给大家打下了扎实的基础，不过还是要建议小伙伴们多看看同类的书，以及到各大在线教程网站去学习，才能对这些知识融会贯通。

通过本书，我们只是学习了 HTML 和 CSS。然而 Web 前端开发技术远不止这些，如果小伙伴们想要成为一名合格的前端开发人员，我们接下来要学习更多前端技术，例如 JavaScript、jQuery、HTML5、CSS3 等。对于 HTML 和 CSS 进阶部分，以及更多的前端技术，可以到绿叶学习网与编者交流。